Arena-Taschenbuch
Band 50249

Jürgen Teichmann,
geboren 1941, hat mehr als 30 Jahre lang den Bereich »Bildung und Fortbildung«
im Deutschen Museum in München – insbesondere zum Thema Physik – betreut.
Auch die große Ausstellung »Astronomie/Astrophysik« ist unter seiner
Federführung entstanden. Jetzt widmet er sich vor allem historischen
und fachphysikalischen Sachbüchern. Außerdem ist er Professor an der
Ludwig-Maximilians-Universität in München.
Sein Jugendsachbuch »Das unendliche Reich der Sterne« (Arena) stand auf der
Auswahlliste des Deutschen Jugendliteraturpreises.

Thilo Krapp
wurde 1975 in Herdecke geboren und wuchs in Hagen auf.
Schon seit der frühesten Kindheit zeichnet er vor allem Enten, Katzen
und alles sonstige Getier.
Thilo Krapp studierte bei Wolf Erlbruch in Wuppertal und lebt und arbeitet als
freischaffender Illustrator für verschiedene Verlage in Berlin – mit Katze.

Jürgen Teichmann

Mit Einstein im Fahrstuhl

Physik genial erklärt

In Zusammenarbeit mit dem
Deutschen Museum

Arena

MIX
Papier aus verantwor-
tungsvollen Quellen

FSC
www.fsc.org

FSC® C110508

8. Auflage als Arena-Taschenbuch 2017
© 2008 Arena Verlag GmbH, Würzburg
Alle Rechte vorbehalten
Umschlag- und Innenillustrationen: Thilo Krapp
Foto S. 71: Deutsches Museum
Umschlagtypografie: knaus. Büro für konzeptionelle und
visuelle identitäten, Würzburg
Gesamtherstellung: Westermann Druck Zwickau GmbH
ISSN 0518-4002
ISBN 978-3-401-50249-6

www.arena-verlag.de
Mitreden unter forum.arena-verlag.de

Inhalt

Einleitung

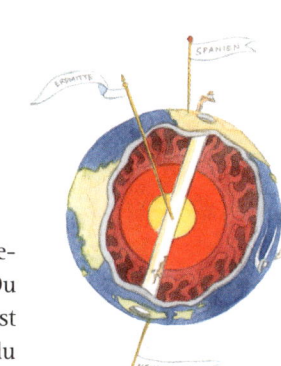

Kann man eigentlich auch mit Gedanken experimentieren? Oh ja, oft sehr genial sogar. Du brauchst nur deine Fantasie und kombinierst sie mit scharfem Nachdenken. Schon kannst du spannende Dinge konstruieren: einen Fahrstuhl im Weltall zum Beispiel, so wie Albert Einstein. Oder einen fantastischen Traumtunnel durch die gesamte Erde.

Aber »richtiges« Experimentieren ist handfester. Denn man glaubt eher an etwas, wenn man es sieht. Auch in der Physik ist das natürlich so. Wenn du einen Modellturm umkippen siehst oder eine Holzkugel und eine Flaumfeder gleichzeitig fallen lässt, hast du das Ergebnis direkt vor Augen. Und daraus kannst du dir natürlich vieles selbst ableiten. Oft geht aber einem praktischen Experiment ein Gedankenexperiment voraus. Und im Idealfall kannst du dein Gedankenexperiment dann mit dem praktischen Experiment beweisen – oder auch umgekehrt.

Gedankenexperimente und handfeste Experimente, beide sind also wichtig in der Physik. Beide findest du in diesem Buch für den Bereich der Mechanik – und im Deutschen Museum in München. Dort, in der Ausstellung Physik, kannst du fast alles aus unserem Buch mit eigenen Händen ausprobieren.

Damit dein Kopf beim Lesen so richtig heiß wird, haben wir eine Menge Fragen eingebaut. Die Antworten findest du am Ende des Buches. Aber nicht gleich spicken! Die allermeisten findest du sicher ganz alleine heraus.

Und wenn du noch mehr wissen willst – am Ende findest du auch ein »Glossar«, da wird unsere Traumtunnelphysik nach allen Seiten gedreht und gewendet. Danach bist du klüger als Archimedes und, wer weiß, vielleicht schon $\frac{1}{4}$ Einstein.

München im Februar 2008   *Prof. Jürgen Teichmann*

1. Vom Umfallen und Hinfallen

Warum fällt der Schiefe Turm von Pisa nicht einfach um, sondern bleibt so schief stehen – und das schon seit Jahrhunderten? Warum kippt eigentlich ein riesig hoher Fernsehturm nicht um? Nun gut, er steht nicht schief, aber bei wildem Sturm kann seine Spitze einige Meter nach links und rechts schwanken. Versuche mal, ein Streichholz senkrecht auf den Tisch zu stellen. Selbst wenn das eine Ende schön glatt geschliffen wird – beim leisesten Atemhauch fällt es um.

Freilich, der Schiefe Turm von Pisa oder der Fernsehturm stehen nicht einfach auf dem Tisch wie das Streichholz, sondern sind in die Erde gemauert. Da ist aber noch eine besondere Sache; die wollen wir gleich untersuchen.

Wann kippt also etwas um, das einfach frei dasteht? Wenn es besonders dünn ist! Dünn an welcher Stelle? Unten natürlich! Wenn es dagegen unten dick und oben dünn ist, steht es gerade besonders gut: Die Pyramiden in Ägypten sind das beste Beispiel, die stehen dort seit mehr als 3.000 Jahren. Aber »unten besonders dünn« ist keine ausreichende Antwort für das Umfallen: Wie dünn denn? Unten dreimal so dünn wie lang? Zehnmal so dünn wie lang?

Es gilt: Sobald der Schwerpunkt eines Klotzes, eines Turmes oder sonst eines Bauwerks über die Kippkante wandert, fällt er um. Was ist ein Schwerpunkt? Wenn man in den Schwerpunkt hineinkriechen und gemütlich herumschauen könnte, würden der Klotz oder Turm nach jeder Seite und der dazu entgegengesetzten Seite immer gleich schwer sein.

Im Museum

Im Deutschen Museum in der Ausstellung »Physik« gibt es zwei ausgehöhlte Klötze. Beide kann man langsam kippen. Natürlich fällt der längere eher um. Beide Klötze sind auf eine bestimmte Weise ausgehöhlt. An einem Haken im Inneren sieht man eine kleine Kette baumeln. Aufgehängt ist die Kette im sogenannten Schwerpunkt des Klotzes. Während du den Klotz kippst, kippt die Kette nicht mit, sie bleibt so wie sie war, immer senkrecht nach unten baumelnd. Und dann passiert es: Wenn sie ein ganz winziges bisschen über die Kippkante des Klotzes zeigt, fällt er von selbst um! Diese Kette zeigt dir genau an, in welche Richtung die Schwerkraft der Erde den Klotz herunterziehen will: Zeigt die Kette minimal nach rechts über die Kippkante, fällt der Klotz nach rechts; zeigt sie ein ganz klein wenig nach links über die Kante, so wenig, dass man es mit dem bloßen Augen nicht erkennen kann, fällt der Klotz auch schon nach links.

Solch eine Prüfkette nennt man übrigens auch: ein Lot.

Kippkante

Bei unserem mageren, teilweise ausgehöhlten Klotz im Museum muss man allerdings vom Schwerpunkt aus nach unten sehr viel weiter schauen, bis man seinen Boden entdeckt, als wenn man nach oben durch die dicke Metallschicht zu seiner Decke späht (das geht natürlich nicht, wir müssen es uns denken). Deshalb ist der Schwerpunkt weiter oben.

Wo findet man den Schwerpunkt einer vollen Kugel, zum Beispiel einer Murmel? Natürlich im ....! Denn von dort aus ist es gleich weit und deshalb auch »gleich schwer« zu jedem Teil der Oberfläche.
Noch einfacher ist das bei einem Stück rechteckigen Pappkarton – das ist sozusagen ein flach zusammengequetschter Klotz. Wo ist da der Schwerpunkt?

Zum Ausprobieren
Dieses Experiment kannst du ganz leicht zu Hause machen: Versuche zuerst, mit dem stumpfen flachen Ende eines Bleistifts das Stück Pappe zu balancieren. Wenn es auf dem Bleistiftende liegen bleibt, dann ist es, von dort aus gesehen, nach allen Seiten gleich schwer. Keine Seite kann nach unten kippen, sie wird durch die andere ausbalanciert. Der Schwerpunkt ist also genau der Mittelpunkt des Pappstückes.

Mit der Bleistiftspitze musst du schon viel genauer suchen, um den Schwerpunkt zu finden, mit einer Nadelspitze noch exakter. Jetzt ist es wirklich ein Punkt, auf dem das Pappstück balanciert. Deshalb spricht man also vom Schwerpunkt. Du kannst ihn übrigens auf deinem Pappkarton ganz leicht finden: Zeichne zwei Bleistiftlinien diagonal von Ecke zu Ecke – schon hast du ihn, als Schnittpunkt der beiden Linien.
Haben wir nicht so einfache Dinge wie flache Pappstücke und regelmäßige Klötze, wird es schon komplizierter mit dem Schwerpunkt. Wenn du etwa auf eine Ecke deines Pappkartons ein kleines Stück Pappe dazuklebst, musst du mit dem Bleistift schon ganz anders balancieren.

Wo wird der Schwerpunkt wohl bei einem Rennwagen liegen? Ganz schön weit unten sicher, nicht so hoch wie bei unserem Klotz, deshalb ist ja ein Rennwagen so flach. Versuche mal, ein eigenes Rennwagenmodell oder das im Deutschen Museum umzukippen. Bis hier der Schwerpunkt genau über eine Kante gerät, sagen wir die Kippkante der rechten zwei Räder, steht das Modell schon enorm schräg. Aber es kippt immer noch nicht um.

Was kippt eher? Rennwagen, Postkutsche oder Tischlampe?

Schwerpunkt

← Kippkante

Noch kippt der moderne Rennwagen nicht um.

Schwerpunkt

Kippkante

Der Schwerpunkt ist zu hoch, die Kutsche fällt um.

Schwerpunkt

Und wie ist es bei einer alten Postkutsche mit hohen Rädern? Da liegt der Schwerpunkt gefährlich hoch – weil viel Gewicht nach oben gepackt ist (und vielleicht auch noch die Koffer der Passagiere auf dem Dach sind!). Die Kutsche kann schnell umkippen, wenn die Pferde durchgehen.

Wie ist das nun aber bei einer Tischlampe mit schwerem Fuß? Sie ist höher als der Rennwagen und das Postkutschenmodell im Deutschen Museum und fällt trotzdem viel weniger leicht um. Warum wohl? Wenn wir kurz vor dem Umkippen unsere Hängekette – ausgehend vom Kipppunkt – von unten nach oben zeichnen, muss der Schwerpunkt nahe am Fuß der Lampe liegen.

Also muss der Standfuß unten etwa so schwer sein wie die ganze Lampe darüber, damit der Schwerpunkt schön weit unten liegt. Genau das ist der Trick, der jede Zimmerlampe gut stehen lässt! Der Standfuß unten muss schwer genug sein, aus Eisen zum Beispiel, um die ganze Lampe auszubalancieren, damit sie nicht beim Dagegen-Rempeln sofort umfällt. Bei Bücherregalen soll man ja auch die schwersten Bücher nach unten stellen und nicht nach oben. Und wie packt man am besten einen Trolley-Koffer, den man auf Rollen hinter sich herzieht?

Schwerpunkt

Schwere Bücher
nach unten packen!
Dann liegt der
Schwerpunkt tief.

Natürlich die schwersten Dinge, zum Beispiel Bücher, nach unten; am besten genau über die Räder – und Unterhosen, Hemden, Socken, Badesachen nach oben. Sind die Bücher oben hineingepackt, ziehen sie den Koffer stark nach unten. Man muss angestrengt Schultern und Arme hochreißen, während man zieht.

Jetzt ist es wohl auch halbwegs klar, warum der Schiefe Turm von Pisa nicht umfällt! Sein Schwerpunkt – malen wir uns eine »Museumsversuchskette« hinein – ist noch lange nicht über die Kippkante gewandert. Gott sei Dank! Und außerdem hat man in den letzten Jahren die Fundamente im Boden verstärkt, sozusagen die Standfläche ganz gewaltig verdickt.

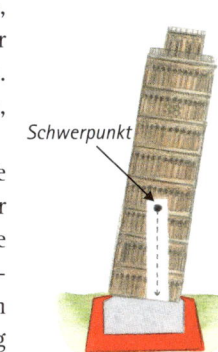

Schwerpunkt

Und beim Fernsehturm? Da hat man wie bei der Tischlampe, nur unter der Erde, ein ganz dickes Gegengewicht anbetoniert. Auch unsere Tischlampe kann stark hin und her wackeln, wenn wir dagegen stoßen. Kippen tut sie noch lange nicht.

Balance auf dem Fahrrad

Warum fallen wir beim Fahrradfahren nicht um? Mit schmalen Reifen und allem Gewicht – auch noch unserem eigenen – ganz weit oben! Da hängt doch der Schwerpunkt ebenfalls irrsinnig hoch! Weil wir ständig mit unserem Körper und mit kleinen Lenkbewegungen dagegen balancieren. Das tun wir ganz unbewusst. Wir müssen es allerdings erst mühselig lernen. Wer es nicht gelernt hat, fällt sofort um. Und ganz schwer ist es beim fast stehenden Fahrrad oder sogar bei einem Einrad – da beginnt schon die Artistik.

Balance auf dem Hochseil

Auch Artisten im Zirkus benutzen manchmal den Trick: Sie legen den Schwerpunkt möglichst weit nach unten.

Hast du schon einmal Seiltänzer mit nach unten gebogenen Stangen in der Hand gesehen? Ihr Schwerpunkt liegt mit Stangen tiefer als ohne. Das ist also ein nützlicher Trick, obwohl es mit Stangen eher noch gefährlicher aussieht. Könnte man sich einen Seiltänzer vorstellen, der eine nach oben gekrümmte Stange hält? Ich habe noch keinen gesehen. Denkbar wäre das natürlich schon, aber ein sehr gefährliches Spiel – sehr labil. Seiltänzer mit Stangen balancieren im *labilen* Gleichgewicht, so nennt man das – immer dann, wenn der Schwerpunkt über dem Kipppunkt liegt. Auch beim Fahrradfahren sind wir immer im labilen Gleichgewicht. Und unser Motorradfahrer auf dem Seil, der gar nicht kippen kann? Der fährt im *stabilen* Gleichgewicht. Immer wenn etwas unabänderlich in seine Aus-

Im Museum

Wie ist das zum Beispiel mit einem Motorradfahrer auf einem Drahtseil plus daran hängendem Seilkünstler? Das sieht besonders gefährlich aus. Er fällt nicht herunter, auch wenn er auf dem Seil stehen bleibt! Der kann gar nicht umkippen! (Falls er mit seinen Reifen nicht vom Seil abrutscht. Am besten sollte er Kerben in die Räder schneiden, die halten ihn schön fest; das haben wir beim Modell im Museum auch getan.) Der Schwerpunkt liegt nämlich unter dem Seil, das Seil ist hier die »Kippkante«. Und Kippen geht nur, wenn der Schwerpunkt über der Kippkante steht. Wenn der Motorradfahrer anfängt zu wackeln, wird der Schwerpunkt unter dem Seil ja sofort ein Stück gehoben – zusammen mit dem angehängten Seilkünstler. Das mögen beide aber gar nicht und richten deshalb den Motorradfahrer ruckdizuck wieder auf.

Kippkante

Schwerpunkt unter der Kippkante

gangsstellung zurückgelangt, ganz gleich wie stark wir es kippen, dann ist es im stabilen Gleichgewicht, weil eben sein Schwerpunkt unter dem Kipppunkt liegt.

Wenn du ab und zu Seiltänzer spielst und auf einem Zaun oder einer schmalen Mauer entlangbalancierst, heißt das: labiles Gleichgewicht. Dein Schwerpunkt kann beim leichtesten Fehltritt nur tiefer fallen. Und er versucht es garantiert! Alles verstanden? Dann kommt gleich mal eine Aufgabe, zuerst eine leichte.

Zum Tüfteln 2

Bau dir doch einen ganz standfesten Seilturner. Du bastelst dir einfach einen Pappkasper wie auf diesem Bild. Dann klebst du ein Centstück an jedes Bein, spannst eine Schnur und setzt ihn darüber. Der Kasper bleibt felsenfest auf seinem Seil sitzen.

Wo ist wohl sein Schwerpunkt? Zeichne ihn mal in dieses Bild ein. *(Du kannst deine Zeichnung anhand der Auflösungen am Ende des Buchs überprüfen.)*

Man kann also sagen: Der Schwerpunkt versucht, beim Kippen immer möglichst tief zu fallen! Dort bleibt er und ist stabil wie sonst was. Deshalb fallen Klotz, Postkutsche, Fahrradfahrer bis auf den Boden herunter. Tiefer geht es nicht mehr. Und bei unserem Pappkasper gilt: Der Schwerpunkt liegt ja schon so weit unten wie möglich, nämlich unter dem Seil.

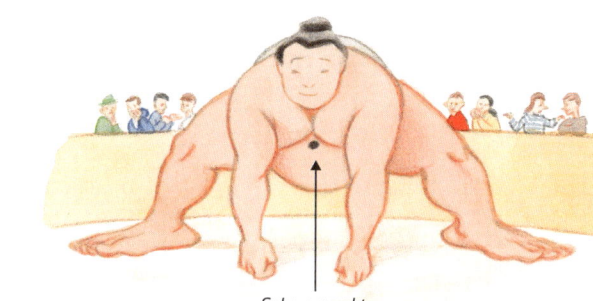

Je größer der Bauch, desto tiefer hängt der Schwerpunkt.

Schwerpunkt

Wie standfest sind Sumo-Ringer?

Wo liegt eigentlich der Schwerpunkt des Menschen? Das hängt natürlich davon ab, ob man sehr dick ist (dann vielleicht unter dem Bauchnabel) oder ob man athletische Brust- und Schultermuskeln hat (dann etwas höher). Sumo-Ringer aus Japan mit hängendem Bauch und kurzen Beinen sind natürlich sehr standfest. Das ist wichtig für sie! Dann kann sie der Gegner nicht so leicht umwerfen. Besser wäre es noch, sie hätten breite und schwere Plattfüße, wie unsere Stehlampe.

Zum Tüfteln 3 und 4

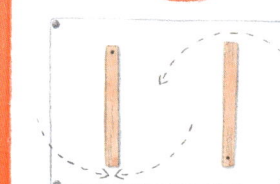

Wir haben zwei Stäbe. Der linke wird oben und der rechte unten leicht drehbar aufgehängt. Was ist das beim linken Stab für ein Gleichgewicht und was beim rechten?

Und nun eine schwere Tüftelei:
Was ist das wohl für ein Gleichgewicht?

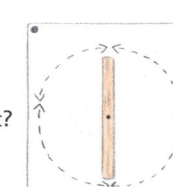

Jetzt kommt mal ein ganz dummer, aber spannender Gedanke: Wenn der Boden nicht da wäre, würden doch Klotz, Postkutsche und Sumo-Ringer noch tiefer fallen; wie tief eigentlich? Nehmen wir an, beim Balancieren auf einer Mauer fällst du in einen Schacht, den Arbeiter gerade ausgehoben haben. Die Schwerkraft der Erde zieht dich darin immer tiefer herunter, immer schneller – na, bis zum Schachtende natürlich. Dort würdest du aufprallen und dir alle Knochen brechen. Wenn aber der Schacht kein Ende nähme, sondern bis zum Mittelpunkt der Erde ginge und weiter, bis er auf der anderen Seite der Erdkugel, sagen wir in Neuseeland, herauskäme? (Mit Neuseeland klappt es nur, wenn du von Spa-

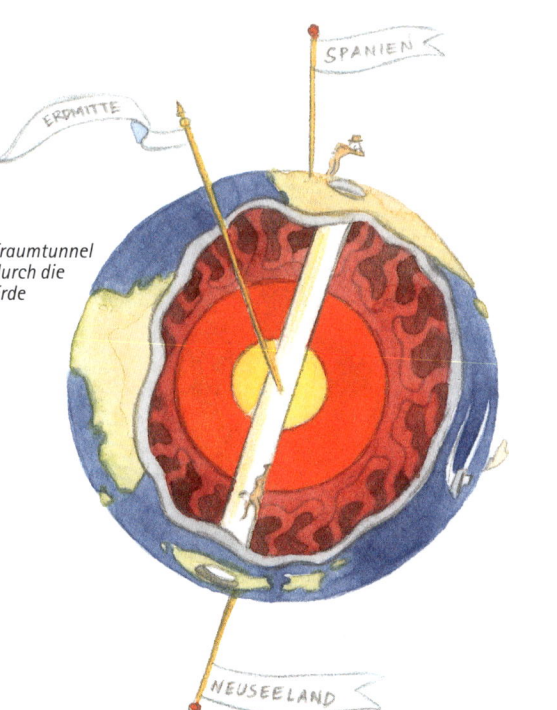

Traumtunnel durch die Erde

nien aus durch die Erde fällst – diese zwei Länder liegen sich auf der Erdkugel so ziemlich genau gegenüber.) Wie weit würdest du fallen? Also erst bis zum Mittelpunkt der Erde. Dort ist der Schwerpunkt – so ungefähr – der gesamten kugeligen Erde, dort wird alles hingezogen.

Aber wenn du im Schwerpunkt angekommen bist beim Fallen (und nicht durch glühend heiße Lava im Erdinneren verbrüht oder verdampft wärst, und wenn wir uns auch noch die bremsende Luft wegdenken), dann hast du so viel irrsinnigen Schwung gewonnen, dass du gar nicht anhalten kannst. Du fällst weiter durch den Schacht bis auf die andere Seite der Erde. Dabei wirst du aber wieder langsamer, immer langsamer, weil dich der Schwerpunkt der Erde zurückziehen will. Ganz langsam kommst du schließlich in Neuseeland am Schachtende heraus; genauso langsam, wie du zunächst von der Mauer in Spanien gefallen bist. Da würde den Neuseeländern der Mund offen stehen. Du hast aber keine Zeit, eine Kiwifrucht oder sonst etwas zu packen. Wenn dir nicht ein geistesgegenwärtiger Insulaner schnell ein Halteseil zuwirft, verschwindest du wieder im Loch, wie an einem unsichtbaren Gummiband zurückgezogen. Du rast zurück zum Mittelpunkt der Erde und weiter – immer langsamer – bis zu deiner Mauer, wirst dort wieder in den Schacht gezogen und so geht das in einem fort. Das wäre ein tolles Bungee-Vergnügen ohne jedes Bungeeseil.

Blitzreise nach Neuseeland und sonst wohin

Aber erstens: Die Luft bremst dich. Und zweitens: Die Erde ist im Inneren glühend heiß. Drittens und außerdem: Einen solchen Schacht bis Neuseeland gibt es nicht, er müsste ja über 12.000 Kilometer lang sein – so dick wie die Erde. Und die tiefsten Bohrungen, die wir Menschen uns bisher geleistet haben, sind nur Pikser auf der Erdoberfläche, so einige Kilometer. Wenn dieses erstens, zweitens, drittens nicht wäre, könnte man in der Tat eine Weltreise nach Neuseeland in fantastisch kurzer Zeit machen. In einem knappen Dreiviertelstündchen kämst du ans andere Ende der Welt. Aber möglicherweise willst du gar nicht nach Neuseeland, sondern vielleicht nach Brasilien in den Regenwald. Bitte schön, dann bohren wir einen Traumtunnel von hier nach Brasilien – so halb quer durch die Erde. Und höre und staune, auch hier würdest du in einem knappen Dreiviertelstündchen, dieses Mal nicht durchfallen sondern durchrutschen, obwohl doch die Strecke viel kürzer ist. Allerdings müssen wir – viertens – annehmen: Diese Tunnelrutsche soll nicht nur luftleer sein, sondern darf dich auch sonst überhaupt nicht bremsen. Übrigens würdest du auch in unserem Tunnel nach Neuseeland gegen die Wände stoßen. Dagegen kannst du dich gar nicht wehren. Mehr dazu findest du im Glossar.

Ganz egal jedenfalls, wohin wir den Traumtunnel buddeln, es dauert dann immer eine knappe Dreiviertelstunde – ohne bremsende Luft, ohne glühende Lava natürlich. Seltsam, nicht wahr? Im Glossar erfährst du Genaueres darüber. Hier nur so viel zur Erklärung: Weil du bei dieser Tunnelrutschbahn nicht bis zum Erdmittelpunkt fällst, wirst du auch nicht so schnell; das gleicht sich gerade mit der kürzeren Strecke aus.

2. Mit Archimedes mal richtig angeben

»Gib mir einen Punkt im All und ich hebe die Erde aus den Wie wippt man Angeln.« Das soll der Philosoph, Mathematiker und Physiker richtig? Archimedes vor weit über 2.000 Jahren ausgerufen haben, als er das Hebelgesetz entdeckt hatte. Das Hebelgesetz ist eigentlich nichts Großartiges. Jedes Kind, das schon einmal auf einer Wippe geschaukelt hat, weiß, wo ein dicker Freund auf der anderen Seite sitzen muss, damit man ihn überhaupt in die Luft stemmen kann.

Aber Archimedes hat immerhin herausgefunden, wie man das genau berechnen kann! Wie weit entfernt muss der schwerere Freund sitzen? Die Lösung von Archimedes lautet: Wenn der Freund doppelt so schwer ist wie du, dann muss er halb so weit weg von der Mitte (also vom Drehpunkt) der Wippe sitzen.

Zum Tüfteln 5

Wenn du nur ein Drittel so viel wie der Freund wiegst, dann muss er .... so nah an der Wippenmitte sitzen.

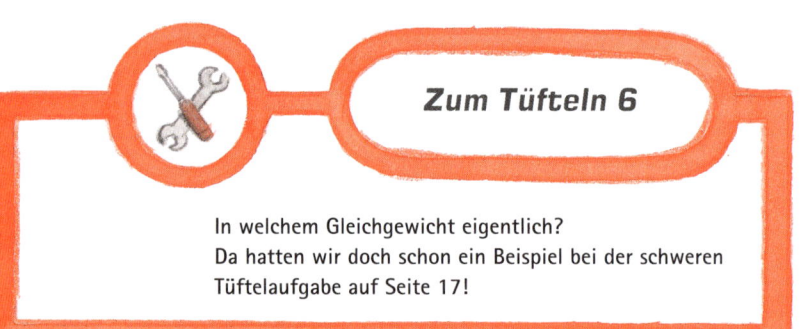

Sobald das Verhältnis exakt stimmt, geht das Hin- und Herwippen übrigens besonders leicht: Wippenhälfte links und Wippenhälfte rechts sind dann im Gleichgewicht.

Zum Tüfteln 6

In welchem Gleichgewicht eigentlich?
Da hatten wir doch schon ein Beispiel bei der schweren Tüftelaufgabe auf Seite 17!

Das ist also das ganze Hebelgesetz. Es gilt immer und überall, in der gesamten Natur und Technik – ein eisernes Gesetz, sozusagen ein Naturgesetz. Im Gegensatz zu menschlichen Gesetzen kann es niemand umgehen.

Archimedes soll sich nun eine riesige Wippe im Weltall vorgestellt haben, so groß, dass er, auf der einen Seite sitzend, die ganze Erde auf der anderen Seite hochheben konnte. Das meinte er vielleicht mit dem Ausspruch »die ganze Welt aus den Angeln heben«. Mit seinem Hebelgesetz können wir nun ausrechnen, wie weit entfernt er auf dieser Wippe Platz nehmen muss, damit das mit »der Erde hochheben« klappt.

Nehmen wir an, Archimedes bringt 60 kg auf die Wippe – als begeisterter Wissenschaftler nahm er sich wenig Zeit zum Essen und die Leute waren damals viel kleiner als heute. Die Erde dagegen wiegt sechs Billionen Billionen Kilogramm; das ist in Zahlen:

Die Archimedes-Wippe

$$6.000.000.000.000.000.000.000.000$$

24 Nullen hinter der 6, unvorstellbar schwer! Sie ist also 100 Milliarden Billionen – das ist eine 1 mit 23 Nullen – mal schwerer als Archimedes. (Mit Kilogramm bezeichnet der Physiker eigentlich die Masse und nicht das Gewicht, aber wir lassen das mal dabei und erklären es im Glossar korrekt.) Wie weit entfernt müsste also Archimedes auf seiner Fantasiewippe sitzen? Das hängt natürlich davon ab, wo die Erde auf dieser unmöglichen Wippe Platz findet. Nehmen wir an, wir könnten sie ganz dicht an die Mitte setzen, sagen wir nur 10 km davon entfernt. Das ist eigentlich Unsinn, denn die Erde ist selbst über 12.000 km dick. Aber unser ganzer Gedankenversuch ist ja ohnehin recht absurd und Archimedes hat uns wohlweislich nichts Genaues darüber hinterlassen. Kalkulieren wir jetzt trotzdem ganz einfach mit seinem Hebelgesetz: Archimedes müsste 10 km

mal 1 mit 24 Nullen entfernt sitzen. Das ist mehr als der Durchmesser des gesamten Weltalls, so wie wir es heute kennen!! Und zur Zeit von Archimedes stellte man sich das Weltall noch viel kleiner vor! Das Ganze ginge also sowieso nicht; mehr als das gesamte Weltall gibt es nicht.

Wenn der große Physiker so etwas überhaupt gesagt hat, war es wohl eher im Glücksrausch als nach einer nüchternen Rechnung – so wie wir an einem besonders glücklichen Tag ausrufen: Heute könnte ich mir die ganze Welt kaufen!

Diese Wippe ist übrigens noch ein zweites Mal unmöglich: Wenn Archimedes irrsinnig weit weg von der Erde im Weltall sitzt, wird er ja gar nicht mehr von der Erde angezogen. Er wiegt also auch nichts. Und die Erde auf ihrer Bahn um die Sonne ist auch schwerelos. Da kann also überhaupt nichts wippen.

Im Museum

Im Deutschen Museum kannst du mit einer kleinen Wippe »Archimedes« spielen. Verschiebe einfach die Gewichte auf der einen und auf der anderen Seite. Du kannst dir einfach vorstellen, das größere wäre die Erde und das kleinere wärest du.

Eine Wippe nennt man einen zweiseitigen Hebel – weil links und rechts vom Drehpunkt Hebelarme sind, ein Lastarm und ein Kraftarm. Das Hebelgesetz lautet nun:

Grundprinzip der Wippe
Gewicht mal Lastarm auf der einen Seite = Kraft mal Kraftarm auf der anderen Seite

Immer wenn der Kraftarm viel länger ist, kann man ein Gewicht auf der anderen Seite leichter hochheben. Dreimal länger heißt dreimal leichter.

Archimedes hat das also mathematisch berechnet, aber die Menschen haben das schon lange vor ihm genutzt. Der hölzerne Hebel ist vielleicht sogar das erste Werkzeug gewesen, dass die Vormenschen vor Hunderttausenden von Jahren benutzten – noch vor dem Faustkeil der Steinzeit –, so etwa wie wir heute ein Brecheisen einsetzen: Mit einem langen eisernen Stab kann ein schwerer Block, zum Beispiel eine Maschine, ein Stück hochgehoben werden, wenn man den Stab unter die Maschine schiebt und dieser Stab z. B. ein geschickt gekrümmtes Ende hat.

Ein langer Hebel spart Kraft.

Unser Trolley-Koffer ist übrigens auch ein Hebel. Weil von den Rollen nur ein Hebelarm ausgeht, nennt man ihn einen einseitigen Hebel. Die gesamte Last (die wir uns im Schwerpunkt des Koffers zusammengedrückt vorstellen können) und deine Hand, die den Koffer hochstemmen muss, wirken auf einer Seite vom Drehpunkt. Der Drehpunkt liegt natürlich bei den Rollen auf der Erde. Wenn du achtmal so entfernt davon greifst, wie der Schwerpunkt vom Drehpunkt entfernt ist, musst du auch nur ein Achtel des Koffergewichts hochdrücken.

Warum so missmutig? Das geht doch achtmal leichter!

Schwerpunkt

Ein Schubkarren ist auch ein einseitiger Hebel. Das heißt: Du musst ihn möglichst weit außen an den Holmen anpacken. Wie soll man aber die Steine in diesen Schubkarren schichten, damit er möglichst leicht zu heben und zu fahren ist? Natürlich klar: Du musst möglichst gleich viele und gleich schwere Steine vor der Radachse und hinter der Radachse lagern. Dann ist der Schubkarren fast wie eine Wippe im Gleichgewicht und fährt, wenn du ihn einmal angestoßen hast, fast von alleine.

Ein Hebel-Bilderquiz:
Sieh dir die Abbildung genau an. Was sind Hebel und was sind keine?
Tipp: Bei einem Hebel muss es immer einen Drehpunkt geben und er soll
Kraft sparen oder Kräfte ausbalancieren.

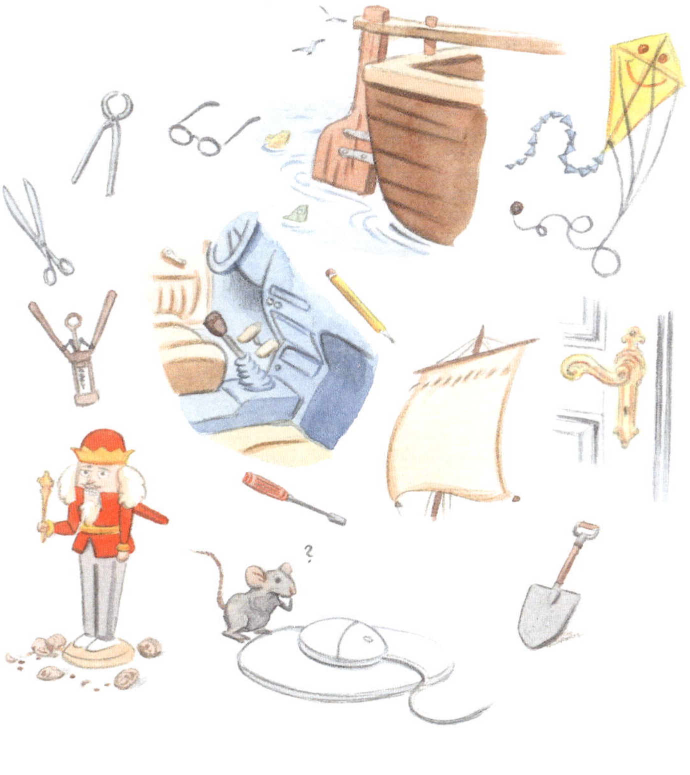

Ganz wichtig ist das Hebelgesetz bei großen Kränen. Da hängt an einem langen Kranausleger eine schwere Tonne mit flüssigem Beton gefüllt, die hochgezogen werden muss. Warum fällt der Kran nicht um? Auf der anderen Seite des Krangerüstes hat man, unten am Kranfuß, viele Steine auf einer Plattform zusammengepackt, die unserer Betontonne das Gleichgewicht halten.

Zum Tüfteln 8

Wenn der Kranausleger zehnmal so lang ist, wie diese Steinplattform und unsere Betontonne 200 Kilo wiegt – wie schwer müssen alle Steine auf der Plattform zusammen sein, damit der Kran gerade nicht umfällt?
Das Gegengewicht ist ganz schön schwer! Zur Sicherheit müssen es übrigens noch viel mehr Steine sein als in unserer Tüftelaufgabe. Der Kran soll ja auf keinen Fall hin und her schaukeln.

Arme und Beine des Menschen oder der Unterkiefer sind auch Hebel, die wir mit Muskelkraft geschickt bewegen, sodass Last mal Lastarm möglichst klein bleiben. Versuche mal, ein schweres Gewicht, etwa drei dicke Bücher, mit gestreckten Armen hochzuheben. Das geht viel schwerer, als es dicht am Körper hochzuziehen. Auch Gewichtheber stemmen ihre Last dicht am Körper nach oben.

Geschichte und Legende: Mord und Todschlag in Syrakus

Der Physikstar Archimedes lebte in Syrakus auf Sizilien. Das war damals die Hauptstadt eines kleinen, aber reichen und mächtigen Staates. Griechen, die aus Griechenland ausgewandert waren, hatten ihn dort gegründet. Ganz Sizilien war damals von Griechen bewohnt –

eigentlich der gesamte Mittelmeerraum. Aber der Stern dieser vielen griechischen Kleinstaaten war im Sinken. Das bis dahin noch nicht so mächtige Römische Reich begann, sich zu dehnen und zu strecken, und verschluckte ein Gebiet nach dem anderen. Und just zur Lebenszeit von Archimedes, etwas mehr als 200 Jahre vor Christi Geburt, war auch Syrakus dran. Die römischen Soldaten belagerten die Stadt und all die raffinierten Bollwerke und Verteidigungswaffen, die übrigens vorwiegend Archimedes entwickelt hatte, halfen nichts. Und was harmlos klingt, war dennoch fürchterlich grausam: Die Stadt wurde kurz und klein geschlagen. Eigentlich hätte Archimedes überleben sollen; der römische Feldherr Marcellus hatte strikte Anweisung gegeben, ihn zu schonen. Solch einen genialen Wissenschaftler und Ingenieur konnte auch Rom gut gebrauchen. Aber als die Soldaten in der Stadt wüteten, fragten sie nicht nach Namen. Sie sahen nur einen – scheinbar – tumben alten Mann, der vor seinem Haus mit einem Stock im Sand zeichnete.

*Archimedes und der
römische Soldat*

Keiner schaute lange hin, was da gezeichnet wurde. Physik und Mathematik sind für beutegierige und mordlüsterne Soldaten sowieso uninteressant. Archimedes soll noch gerufen haben: »Stört mir meine Kreise nicht!« Da wurde er schon erschlagen.

Das archimedische Prinzip und die Königskrone

In seinen Glanzzeiten aber soll Archimedes den König von Syrakus vor einem Riesenbetrug bewahrt haben. Als der eine neue Krone haben wollte, gab er seinem Goldschmied einen großen Klumpen Gold. Nach einer Weile erhielt der König auch seine Krone, wunderschön fein geschmiedet. Sie wog genauso viel wie der Goldklumpen. Alles schien in Ordnung. Aber wie, meinten misstrauische Minister des Königs, können wir wissen, ob der Goldschmied nicht etwas von dem puren Gold für sich behalten hat und dafür irgendein billigeres, leichtes Metall hineingeschmuggelt hat, allerdings etwas mehr, sodass das Gewicht der Krone sich nicht veränderte? Archimedes wusste eine Antwort: »Hängt die Krone und einen Goldklumpen gleichen Gewichts an je eine Seite einer Waage (an eine Wippe also!) – dann bleiben sie natürlich im Gleichgewicht. Jetzt taucht aber beide Waagschalen in Wasser. Wenn die Krone nicht aus purem Gold ist, wird sie im Wasser stärker gehoben als der Goldklumpen.«

Das nennen wir Auftrieb – alles ist im Wasser ein Stück leichter als in der Luft. Auch du bist beim Schwimmen ein ganzes Stück leichter. Warum? Das Wasser, das dein Körper verdrängt, hebt dich ein Stück an. Warum aber wird die falsche Krone auf der Waagschale im Wasser stärker gehoben als der echte Goldklumpen? Weil das Material der Krone, zusammengesetzt aus Gold und »Schwindelmetall«, dann insgesamt etwas dicker ist – mehr Volumen einnimmt, sagt man – als der pure Goldklumpen und deshalb etwas mehr Wasser verdrängt als

Na, ob die Geschichte stimmt oder nicht, wir haben jedenfalls im Museum das Experiment genau nachgestellt. Jeder darf es ausprobieren. (Ich darf aber verraten, dass das Gold nicht echt ist, sonst würde vielleicht noch ein Dieb bei uns einbrechen.)

der reine Goldklumpen. Das ist das archimedische Prinzip. Und das Ende der Geschichte: Die Krone war im Wasser tatsächlich leichter; der Goldschmied wurde geköpft.

3. Von Hunden, Raketen und Geometrie

Außer der Schwerkraft, die uns nach unten zieht, gibt es noch andere Kräfte. Unsere Muskelkraft zum Beispiel. Kräfte kann man bündeln, aber auch zerlegen. Bündeln ist klar: Wenn vier oder fünf Helfer ein liegen gebliebenes Auto anschieben, rückt es leichter von der Stelle, als wenn es der Beifahrer alleine probiert – es ist vier- oder fünfmal leichter, wenn alle genau in die gleiche Richtung schieben.

Bevor es moderne Maschinen gab, mussten oft viele Arbeiter gleichzeitig ziehen, um schwere Steine für den Bau einer Kathedrale nach oben zu hieven oder viele lange Pflöcke für das Baugerüst in den Boden zu rammen. Pflöcke brauchte man auch dann, wenn der Boden nicht fest genug war, um darauf

Eine historische Ramme: So konnte man die Kräfte vieler Arbeiter bündeln.

zu bauen. Die Stadt Venedig am Mittelmeer zum Beispiel wurde zum großen Teil auf Pfählen gebaut. Eine wichtige Baumaschine, um solche Pfähle in den Boden zu schlagen, war deshalb jahrhundertelang die Ramme. Da haben viele Arbeiter gemeinsam einen schweren Steinklotz über eine Rolle hochgezogen und auf das Kommando »Los« fallen gelassen – immer wieder, bis der Pfahl tief genug in die Erde gerammt war. Heute machen das natürlich Motorrammen. Und meistens rammt man nicht mehr Holzpfähle, sondern Eisenträger in den Boden, zum Beispiel, wenn man eine Baugrube an ihren Seiten abschottet.

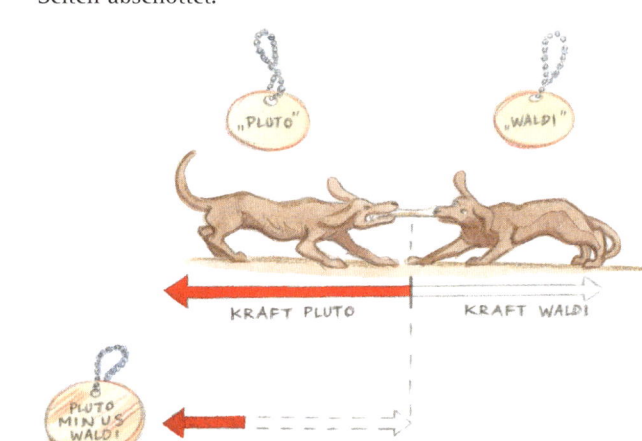

Wie ist das, wenn zwei Hunde knurrend an einem Knochen ziehen, der eine in die eine Richtung, der andere in die entgegengesetzte? Wenn sie beide gleich stark sind, wird der Knochen sich gar nicht bewegen. Die Kraft nach links und die Kraft nach rechts heben sich auf. Und wenn ein Hund ein wenig stärker ist als der andere? Dann wird er den Knochen samt daran hängendem Gegenhund langsam zu sich hinüberziehen. Nennen wir den stärkeren Pluto und den schwächeren Waldi. Dann wird der Knochen mit der Kraft von Pluto minus der Kraft von Waldi weggezogen.

Das Gleiche gilt, wenn du versuchst, gegen die Strömung
in einem Fluss zu schwimmen: Wenn du genauso »stark«
bist wie der Fluss, bleibst du an einer Stelle, wenn du
»schwächer« bist, treibt dich der Fluss langsam mit. Nur
wenn du »stärker« bist, kommst du – mühselig – strom-
aufwärts. Was ist aber, wenn du quer zum Fluss auf das
gegenüberliegende Ufer schwimmen möchtest? Nehmen
wir an, du bist zweieinhalb mal »stärker« als der Fluss
und gegenüber ist eine wunderbare sandige Badestelle.
Kommst du genau gegenüber an? Nein, während du
schwimmst, treibt dich der Fluss ein Stück hinunter, du
landest talabwärts am anderen Ufer, vielleicht mitten im
Schilf. Die zwei »Kräfte«, deine eigene und die des Flus-
ses, setzen sich so zusammen:

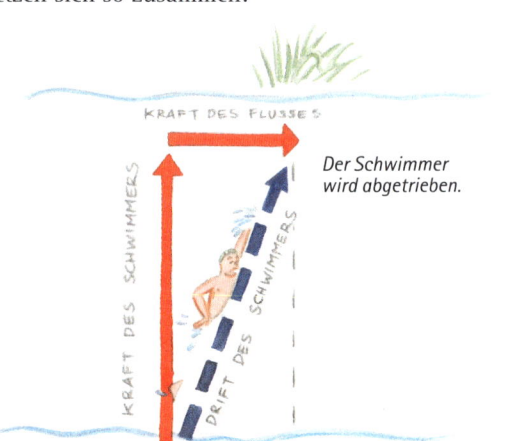

Der Schwimmer
wird abgetrieben.

Jeder Pfeil stellt eine »Kraft« dar. Der schräge Pfeil beschreibt die Bündelung deiner »Kraft« und der »Fluss-
kraft«. So einfach kann man diese Bündelkraft also zeichnen: als Diagonale eines Rechtecks. Wenn deine Kraft viel
kleiner ist, wirst du also viel weiter abgetrieben.
Das ist eigentlich einleuchtend: Wenn zwei ungleich
starke Hunde so wie in unserem Bild an einem Kno-

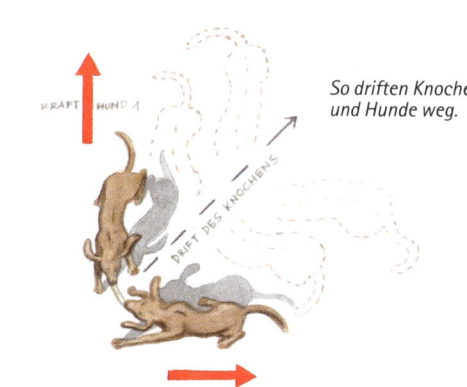

So driften Knochen und Hunde weg.

chen ziehen, wird er sich in der Tat, samt Hunden, schräg fortbewegen.

Was musst du machen, wenn du genau an deiner Badestelle ankommen willst? Nehmen wir an, du bist doppelt so »stark« wie die Strömung. Jetzt müssen wir ein verschobenes Rechteck malen. Man nennt es Parallelogramm. Dies gilt im Übrigen für Geschwindigkeiten genauso wie für Kräfte.

Das Parallelogramm wird so gezeichnet, dass die Bündelkraft genau senkrecht über den Fluss zeigt. Genauso »schräg«, wie jetzt der rote Pfeil angibt, musst du also losschwimmen, damit du exakt gegenüber ankommst. Seltsam, aber es stimmt. In Wirklichkeit weißt du allerdings nicht genau, wie viel »stär-

Nur wenn der Schwimmer »schräg« schwimmt, kommt er »senkrecht« über den Fluss.

ker« du bist als der Fluss. Du schwimmst einfach ein Stück flussaufwärts los und musst mitunter einen Zahn drauflegen, falls es nicht klappt. Dabei kannst du dich aber ganz schön verschätzen und landest, mir nichts, dir nichts, schon wieder im Schilf.

Kräfte im Weltraum Solche Bündelung von Kräften spielt auch bei der Weltraumfahrt eine große Rolle. Eine Rakete wird von der Erde weggeschossen, die Schwerkraft der Erde versucht, sie zurückzuziehen. Schließlich wird sie von anderen Himmelskörpern, zum Beispiel von Mond, Sonne und anderen Planeten, angezogen. Man kann das nun richtig ausnutzen. Die Rakete lässt man zum Beispiel so nahe an den riesigen Jupiter herantreiben, dass dessen Schwerkraft sie noch schneller macht, ihre Bahn verbiegt – genau dorthin, an eine Landestelle auf dem Saturnmond Titan vielleicht, wohin man sie haben will. Genauso kann dich als Schwimmer auch der Fluss schneller machen, wenn du ein Stück mit ihm schwimmst, statt gegen ihn anzukämpfen.

In der Weltraumfahrt lässt sich so etwas natürlich nicht mehr mit einfachen Rechtecken oder Parallelogrammen zeichnen. Da braucht man schon Supercomputer, um das für jeden Augenblick der Flugbahn auszurechnen. Schwerkräfte von Planeten und von der Sonne sind kein einfacher gerader Strom, der fließt. Sie wirken strahlenförmig immer zu einem Punkt, dem Schwerpunkt jedes Himmelskörpers. Aber das weißt du ja schon.

Gut übrigens, dass unsere Erde nur recht schwächlich ist im Vergleich zur Sonne oder auch zum Riesenplaneten Jupiter. Denn erstens kommen unsere Raketen leichter weg von der Erde ins Weltall, zweitens bewahrt uns das vor häufigem ungebetenem Meteoritenbesuch: Die Kräfte von Sonne oder Jupiter sind viel stärker. Deshalb schlagen dort die meisten Riesenbrocken aus dem Weltall ein. Und das ist unser Glück. Ein Weltraumvagabund von einem Kilometer Durchmesser könnte auf unserer Erde schon eine weltweite Katastrophe auslösen; mit Staubwolken, die die ganze Atmosphäre verdunkeln, wenn dieser Brocken auf Land einschlägt – oder unglaublichen Wasserwellen, wenn er ins Meer stürzt.

Noch wichtiger als die Bündelung von Kräften ist die Zerlegung einer Kraft, insbesondere in der Technik. Vielleicht kann man das auch mit dem Rechteck und dem Parallelogramm berechnen, nur umgekehrt? Genau! Hier gibt es also zunächst nur einen Pfeil. Gesucht sind zwei Pfeile links und rechts, in die man den ersten aufspaltet, zum Beispiel so:

Vom Berghang zur Weinpresse

TEILKRAFT 1

KRAFT

TEILKRAFT 2

Zerlegung einer Kraft

Wo gibt es solche Zerlegung? Zum Beispiel, wenn ein Auto den Berg hinauffährt. Der Motor muss nicht das ganze Gewicht des Autos hinaufschleppen, sondern nur einen Teil, den Teil, der das Auto den Berg zurückziehen will. Dieser sogenannte Hangabtrieb macht dem Motor zu schaffen. Den muss er vor allem überwinden. Der andere Teil des Gewichtes drückt senkrecht auf die Straße. Gäbe es diese Druck- oder Haftkraft nicht, würden die Räder nicht am Asphalt haften, sie würden durchdrehen. Je steiler die Straße ist, desto kleiner ist diese Haftkraft und desto größer der Hangabtrieb, der das Auto den Berg hinunterzieht. Wir zeichnen das einmal für den ganz steilen Berg hier:

37

Und wenn jetzt auch noch Schnee oder Rollsplitt liegt, drehen die Räder schnell durch, weil eben die Kraft, die sie auf die Straße drückt, zu klein ist.

Sehr raffiniert wirkt übrigens diese »Hangabtriebs-Kraft« in einer schlau erdachten Form des Schrauben-Korkenziehers. Man setzt den Korkenzieher mit seinem festen Schraubenzylinder auf die Weinflasche auf, dreht die Schraube mit ihrem spitzen »Zieher« in den Korken hinein und dreht dann einfach weiter in die gleiche Richtung. Und, oh Wunder, die Schraube steigt nun umgekehrt, auf ihren Schraubenwindungen laufend, aus dem fest auf der Flasche sitzenden Zylinder auf und zieht dabei den Korken mit heraus. Sie ist nun so etwas wie eine aufgewickelte Bergstraße. Du musst nicht die ganze Kraft aufwenden, mit der der Korken sich gegen das Herausziehen wehrt, sondern eine viel kleinere.

Im Museum

Im Deutschen Museum gibt es dazu drei einfache Versuche: Auf einem Keil steht ein schweres Gewicht, daneben das gleiche Gewicht alleine. Man kann das Gewicht mit dem Keil viel leichter hochschieben als das Gewicht ohne Hilfsmittel senkrecht emporheben. Das Gleiche kann man mit einer Schraube versuchen, auf der dasselbe schwere Gewicht steht. Das geht nun sogar leicht wie Butter – genau wie beim Schrauben-Korkenzieher!

Im Museum steht auch eine besonders gewaltige echte Weinpresse, wie sie vor 200 Jahren gebaut wurde. Damit wurde anhand einer ganz dicken Holzschraube der letzte Safttropfen aus den Weintrauben gepresst, einfach so mit Muskelkraft.

Warum kann man eigentlich mit einer Axt ein Stück Holz leicht auseinanderspalten? Wenn du mit einem schweren Hammer genauso fest zuschlagen würdest, denkt das Holz nicht im Entferntesten daran, sich zu spalten. Die Kraft des Hammers wirkt nur gerade nach unten auf das feste Holz. Hier ist die Axt gezeichnet, mit der Kraft, die du von oben ausübst:

Die Kraft wird nach links und rechts aufgeteilt – die zwei Holzteile fliegen nach dem Schlag in der Tat nach links und rechts weg. Wenn wir unser Parallelogramm malen, sehen wir sofort, welch riesige Kräfte links und rechts aus dem einen Schlag nach unten entstehen können.

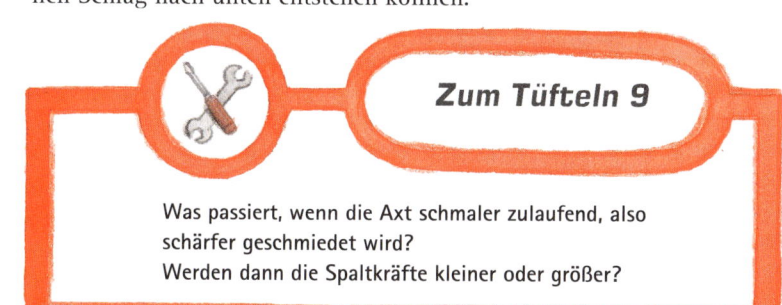

Zum Tüfteln 9

Was passiert, wenn die Axt schmaler zulaufend, also schärfer geschmiedet wird?
Werden dann die Spaltkräfte kleiner oder größer?

Wie schmal kann man denn einen Axtkeil machen? Natürlich nicht ewig dünn, dann verbiegt er sich schon beim ersten kräftigen Schlag. Solche Keile haben schon die Steinzeitmenschen gekannt, ohne etwas von unserem Kräfteparallelogramm zu wissen – diese Keile waren allerdings aus Stein (in der Steinzeit eben; erst danach erfand man Äxte aus Bronze und viel später erst aus Eisen).

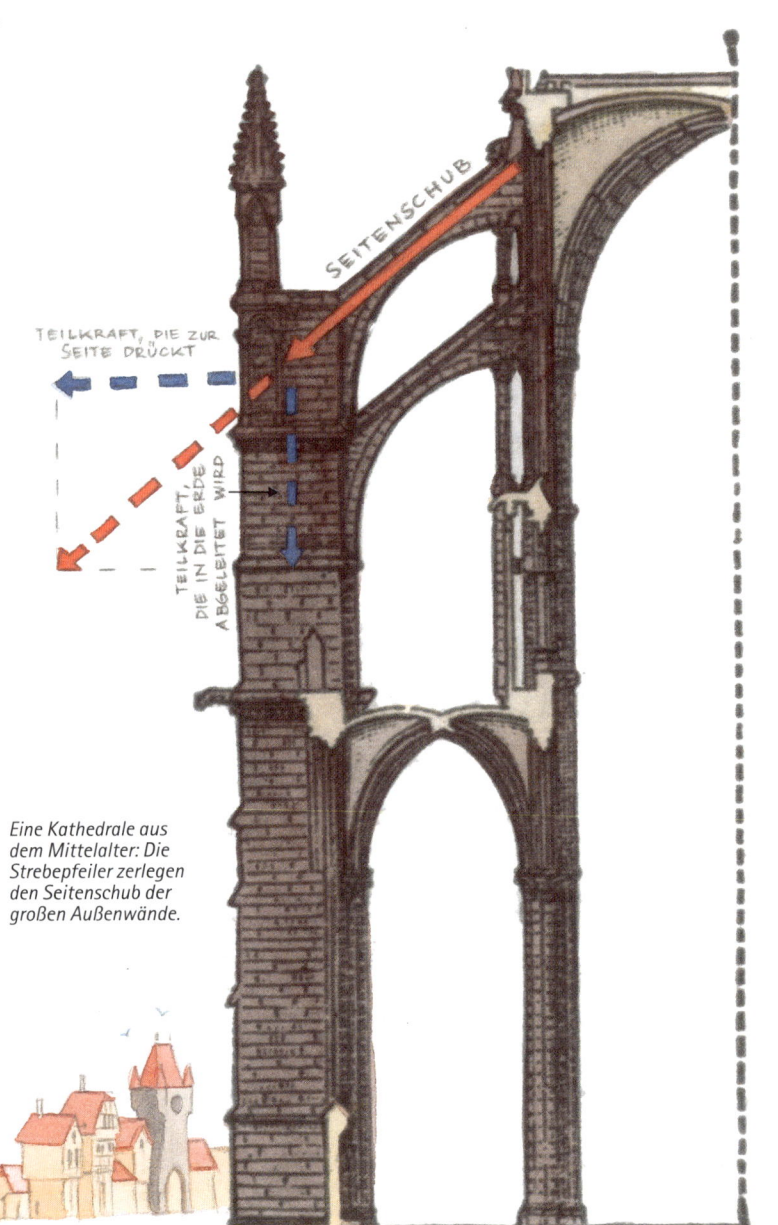

SEITENSCHUB

TEILKRAFT, DIE ZUR
SEITE DRÜCKT

TEILKRAFT,
DIE IN DIE ERDE
ABGELEITET WIRD

*Eine Kathedrale aus
dem Mittelalter: Die
Strebepfeiler zerlegen
den Seitenschub der
großen Außenwände.*

Auch bei der Konstruktion von Gebäuden wird die Zerlegung von Kräften genutzt. Die Dachhälften eines Giebelhauses Welche Dächer sind die besten? zum Beispiel drücken mit ihrem Gewicht schräg nach unten. Nur ein Teil davon wird direkt in die Mauern abgeleitet, ein anderer Teil drückt einfach nach außen. Das war beim Bau der großen Kathedralen mit ihren schweren Gewölbedächern vor 700 bis 900 Jahren ein großes Problem, vor allem, wenn man auch noch große Fenster in die Wände einbaute. Die übrig bleibenden Wandflächen hätten den Druck der Dächer nach außen nie alleine aushalten können. Sie wären einfach nach links und rechts weggebrochen. So erfand man die berühmten Strebepfeiler der gotischen Kirchen.

Diese Strebepfeiler stützen die Wände nach außen, weil sie den gefährlichen Seitenschub des Daches in die Erde ableiten. Und schön sind sie auch noch.

Zum Tüfteln 10

Warum hat man früher in Deutschland eigentlich nur Giebeldächer – oft sehr spitzgiebelige – gebaut und keine Flachdächer, wie wir sie heute vielfach sehen? Der Schnee im Winter war der Hauptgrund. Warum?

Auch die Endpfeiler von Bogenbrücken können – wie die Strebepfeiler bei den Kathedralen – den Seitenschub der Brücke nach links und rechts ableiten. Die Brückenpfeiler müssen allerdings am Ufer so stark verankert werden, dass sie auf keinen Fall zur Seite wegbrechen.

Noch eine seltsame und eigentlich ganz einfache Sache gibt es bei Kräften: Wenn du mit einem gleich starken Gegner, sagen wir Klaus, an einem Seil ziehst, bewegt sich gar nichts. Deiner Kraft in der einen Richtung hält Klaus lässig das Gleichgewicht. Das weißt du schon. Nehmen wir an, ihr zieht das Seil um eine Hausecke, das heißt, du siehst Klaus gar nicht. Er knotet das Seil hinter der Ecke gemeinerweise an einem Wandhaken fest. Da kannst du dich totziehen und denkst immer noch, er kämpft gegen dich. Du glaubst also, da ist noch eine Kraft da, die in die andere Richtung zieht! Und sie ist auch da! Die feste Mauer und der fest eingeschraubte Haken bringen sie auf. Man nennt sie Gegenkraft! Jede Kraft, die es irgendwo gibt, erzeugt automatisch eine Gegenkraft, sagt der Physiker.

Im Museum

Kraft und Gegenkraft kann man im Museum an einer kleinen Kraftfeder mit Seil ausprobieren. Ob da links und rechts ein Gewicht hängt oder ob das eine Ende an einer festen Stange angebunden ist und nur ein einziges Gewicht am anderen Ende hängt – die Kraftfeder zeigt immer die gleiche Kraft an. Die feste Stange wird ein ganz klein bisschen gebogen und versucht, sich wieder zurückzubiegen. Das ist die Gegenkraft.

4. Von Flaschen und Fahrrädern

Die genialste Erfindung, um schwerer Arbeit ein Schnipp- Hilfreiche Rollen chen zu schlagen, war in der Vergangenheit der Flaschenzug. Den gibt es auch heute noch. Aber richtig große Bedeutung hat er nicht mehr, seit es die modernen starken Elektromotoren gibt, mit denen die Kräne arbeiten. Da wird er, wenn nötig, durch Hydraulik oder Zahnradgetriebe ersetzt. Was ist ein Flaschenzug? Ein seltsames Wort: Welche Flaschen werden da gezogen?

Der Flaschenzug

Ein Flaschenzug besteht aus vier, sechs, acht und mehr Rollen, durch die ein Seil läuft. Die Rollen sind jeweils zu zwei »Mannschaften« zusammengesteckt, also zwei gegen zwei, drei gegen drei und so weiter. Diese Rollen sind durch seitliche Backen gehalten, die früher rundlich waren, und deshalb hieß so eine »Mannschaft« aus Rollen: Flasche. Bei zwei gegen zwei Rollen muss man nur noch ¼ der Kraft aufwenden, um zum Beispiel einen schweren Mehlsack hochzuhieven.

Den Flaschenzug haben die Griechen vor mehr als 2.000 Jahren erfunden. Die Ägypter kannten den Flaschenzug vor fast doppelt so langer Zeit noch nicht, als sie ihre gewaltigen Pyramiden bauten.

Das Prinzip eines Flaschenzugs kannst du leicht selbst ausprobieren: mit zwei Besenstangen und einem festen Wäscheseil. Bitte zwei Freunde, jeder einen Besen mit zwei Händen festzuhalten. Dann versuche, die zwei Stiele per Hand von der Seite zusammenzudrücken, während sich die Freunde dagegen wehren. Das schaffst du wahrscheinlich nicht. Jetzt knote das Seil an einem Besenstiel fest und schlinge es um die zwei Besen mehrmals herum, so ähnlich wie bei einem Flaschenzug. Wenn du jetzt am losen Ende ziehst, können sich die Freunde noch so sehr dagegen wehren, du ziehst die Besen mit dem kleinen Finger schnurpsleicht zusammen.

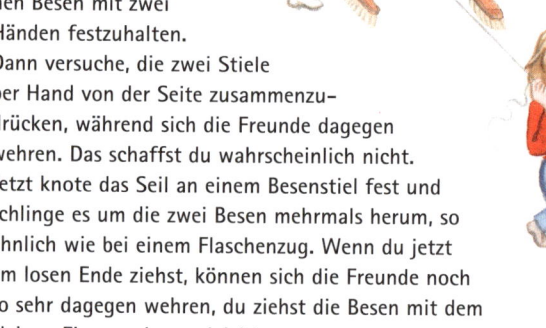

Was ist das Prinzip des Flaschenzugs? Nehmen wir unser Beispiel mit dem Besenstiel: wenn du das Seil sechsmal hin und her gewunden hast (das entspricht einem Flaschenzug mit drei zu drei Rollen), brauchst du nur $\frac{1}{6}$ der Kraft. Allerdings dauert es sechsmal länger, bis die Besen zusammenrücken. Oder auch: Der Weg ist sechsmal länger geworden. Auch Schnürsenkel in Schnürschuhen lassen sich deshalb leichter zusammenziehen. Die Löcher im Schuh wirken wie Rollen am Flaschenzug. Aber die Reibung der Schnürsenkel in den Löchern, an der Schuhzunge und an ihren Kreuzungsstellen ist so groß, dass das mit der vier- oder sechs- oder achtmaligen Kraftersparnis nicht zutrifft.

Statt Flaschenzügen gibt es heute – wie schon gesagt – Zahnräder. Du kennst garantiert ein Getriebe mit Zahnrädern und benutzt es vielleicht sogar jeden Tag: das Fahrrad. Ein Fahrrad besitzt Tretkurbeln, mindestens zwei Zahnräder und eine Kette vom vorderen zum hinteren Zahnrad. In der Tat war das mit der Fahrradkette auch eine geniale Erfindung – vor mehr als 100 Jahren; genauso toll wie die Erfindung des Flaschenzugs in Griechenland.

Ketten und Kurbeln

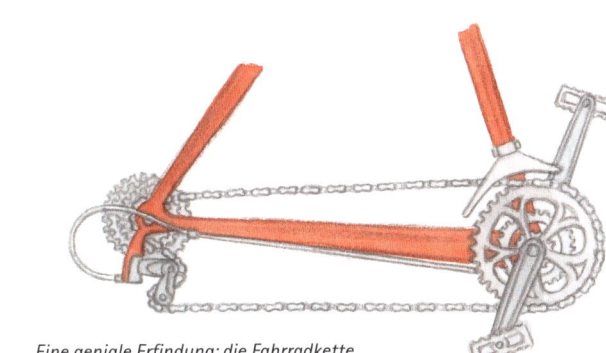

Eine geniale Erfindung: die Fahrradkette

Vorher musste man nämlich direkt am Vorderrad treten. Wenn man einmal mit seinen Füßen herumgekurbelt hatte, war man gerade erst eine Radlänge weitergekommen. Das war zwar gut bei Steigungen, aber richtig loszischen konnte man in der Ebene nicht. Was wurde zunächst dagegen getan? Ganz einfach: Das Vorderrad musste größer werden. Damit war das Hochrad erfunden: Einmal herumkurbeln, das heißt, einmal das hohe Vorderrad drehen, und man brachte nun schon mehr Straße hinter sich. Aber solch ein Hochrad war eine sehr wacklige Angelegenheit – schon fast etwas für Artisten.

Eine Revolution also: die Fahrradkette mit großem Zahnrad vorne, mit Tretkurbeln und einem kleineren Zahnrad hinten, das fest verbunden ist mit dem Hinterrad. Wenn dein Tretkurbelrad vorne sagen wir 16 cm Durchmesser und das hintere Zahnrad 4 cm hat und du einmal vorne ganz herumkurbelst, dann wird das kleine Zahnrad hinten zusammen mit dem ganzen Hinterrad viermal gedreht. Du kommst also mit einmal Herumtreten viermal so weit wie mit einem Uropa-Fahrrad von vor 100 Jahren. Aber dafür musst du auch viermal so kräftig treten. Was du an Weg gewinnst, musst du an Kraft reinstecken. Kraft mal Weg bleibt immer gleich. Das wissen wir schon. Wenn du bei deiner Gangschaltung hinten ein größeres Zahnrad wählst, sagen wir mal ein ganz großes für einen steilen Berg, nämlich 8 cm, dann dreht sich das Hinterrad nur zweimal, wenn du einmal deine Tretkurbeln ganz herumbewegst. Du brauchst dann nur die Hälfte deiner Kraft, musst aber doppelt so oft treten, bis du das gleiche Stück Straße hinter dir hast.

*Unterwegs noch
ohne Fahrradkette*

„Kurbelveloziped" (1860er Jahre)
Pierre Michaux
Pierre Lallement

Das ist also das Raffinierte beim Fahrrad. Wenn du übrigens bei deiner Gangschaltung vorne ein größeres Zahnrad wählen kannst, wirkt das genauso wie hinten ein kleineres.
Eine Sache haben wir aber noch nicht berücksichtigt! Wie ist das mit den Tretkurbeln am vorderen Kettenrad? Die Kurbeln sind länger als der Durchmesser des Kettenrades. Das ist eindeutig ein Hebel. Damit sparen wir also wiederum Kraft!

Eine sehr wackelige Angelegenheit

Hochrad (ab 1870) „Ariel"
James Starley/ William Hillmann

5. Die Erde als Karussell

Ein ganzer Tag

Wir wissen alle, dass die Erde sich dreht – in 24 Stunden, also an einem Tag und in einer Nacht einmal um sich selbst herum. Wie schnell ist das? Wie viele Kilometer drehen wir uns mit der ganzen Erde herum, bis wir wieder an derselben Stelle sind? Natürlich bleiben wir immer an derselben Stelle auf der Erde, sagen wir 24 Stunden lang in unserer Wohnung. Aber, weil sich die Erde dreht, rasen wir mit unserer Wohnung im Kreis herum. Während du diesen Satz liest, hast du dich mit der Erdoberfläche schon mehr als 1 km weitergedreht. Du merkst nur nichts davon, weil alles sich mit dir dreht, die Wohnung, die Straße, die Luft.

Da kann man natürlich auch auf falsche Gedanken kommen: Ein Betrunkener steht unter einer Laterne und versucht, mit seinem Schlüssel in ein Türschloss hineinzustoßen. Es ist aber keine Tür und kein Haus zu sehen. Ein

Spaziergänger fragt ihn verwundert: »Was machen Sie denn da?« Und er bekommt zur Antwort: »Die Erde dreht sich doch, also muss irgendwann auch mein Haus hier vorbeikommen. Dann stoße ich den Schlüssel ins Schloss und schon bin ich drin.« Na, das ist ein schöner Denkfehler, aber immerhin ist es durchaus nüchtern und klug, dass er an die Drehung der Erde glaubt.

Mach mal einen Test und frage wildfremde Leute auf der Straße: »Hallo, entschuldigen Sie, dreht sich die Erde oder steht die Erde still und die Sonne dreht sich um uns herum? Was meinen Sie?« Du wirst verblüfft sein, dass es doch manche Menschen gibt, die sagen: »Ja klar, die Sonne bewegt sich und geht auf und unter, das sieht man doch jeden Tag.«

Woher wissen wir eigentlich, dass die Erde sich dreht? Am **Alles dreht sich**
Äquator jagt jedes Schiff, jede Wolke, jeder Wassertropfen mit der Oberfläche der Erde über 1.600 km/h schnell herum – schneller als der Schall und niemand merkt etwas davon. Und das ist noch nicht alles, es wird noch viel komplizierter: Die Erde dreht sich nicht nur um sich selbst, sie rast auch

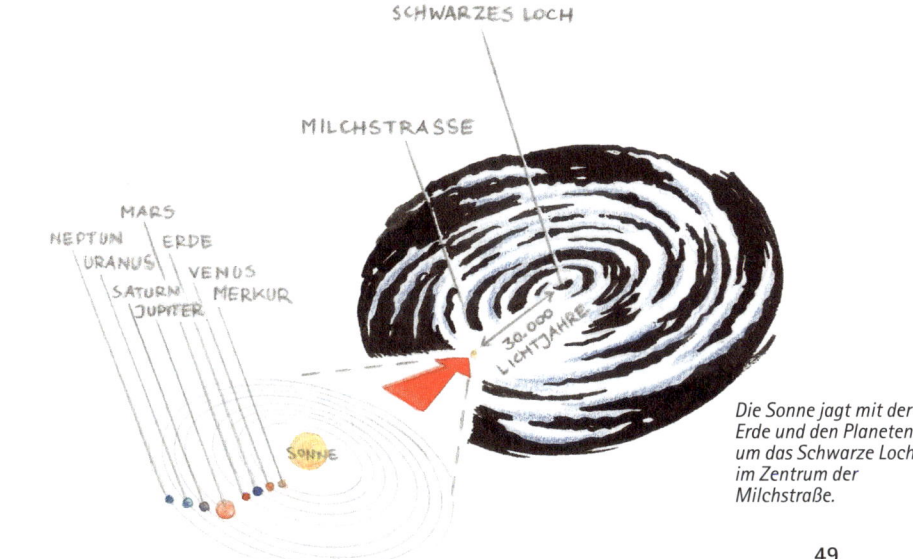

Die Sonne jagt mit der Erde und den Planeten um das Schwarze Loch im Zentrum der Milchstraße.

noch mit über 100.000 km/h – wirklich – in einem Jahr auf einer großen Bahn um die Sonne herum. Auch das ist noch immer nicht alles. Mit der Sonne schießt unser ganzes Planetensystem mit etwa 72.000 km/h in Richtung Sternbild Herkules. Und unsere Milchstraße . . .? Aber an dieser Stelle höre ich auf. Wir spüren sowieso nichts von alledem. Sind das vielleicht doch nur Hirngespinste von Wissenschaftlern?

Bleiben wir bei der Drehung der Erde. Schon das ist in der Tat nicht einfach zu beweisen. Ganz Schlaue sagen vielleicht: Astronauten von einer Raumstation oder, noch besser, vom Mond aus sehen doch, wie die Erde sich vor ihnen dreht. Das ist doch ein klarer Beweis. Denkste! Auch die Raumstation dreht sich ja und der Mond auch. Das Problem ist verzwickter.
Warum merken wir eigentlich nichts von der Erddrehung? Wenn du auf einem Karussell sitzt und es fängt an, sich zu drehen, siehst du natürlich, dass es sich dreht, weil alles andere stehen bleibt. Aber wenn du die Augen schließt, siehst du nichts und merkst trotzdem, dass du dich drehst. Warum? Nun gut, weil die Luft dir ins Gesicht bläst, weil die Menschen kreischen. Wenn du aber auf dem Karussell in einer ganz dichten Gondel sitzen würdest, könntest du dann etwas spüren? Ja! Genau so, wie du in einem Auto nach außen gedrückt wirst, das in eine scharfe Kurve fährt, so wirst du auch in dieser dichten Gondel nach außen gedrückt und weißt: Aha, Karussell plus Gondel drehen sich.

Die Fliehkraft

Die Kraft, die dich da nach außen drückt, nennen wir Fliehkraft (das ist eigentlich gar keine echte Kraft, aber das erklären wir im Glossar). Wenn uns die Ketten des Karussells nicht festhalten würden, würde uns diese Kraft sogar nach außen wegschleudern. Ein Auto, das zu schnell in eine scharfe Kurve fährt, kann in der Tat nach außen weggefegt werden, gegen einen Baum vielleicht. Die Fliehkraft wirkt vom Mittelpunkt dieser kreisenden Bewegung nach außen. Im Sport nützen so etwas die Hammerwerfer: Sie drehen sich ganz schnell, ein paarmal, und lassen ihren »Hammer« (das ist gar kein wirklicher Hammer, sondern eine schwere Kugel an einem festen Draht) plötzlich in der richtigen Richtung los und schon fliegt er von ihnen weg, wie von einer Riesenfaust geschleudert, so an die 60 Meter weit.

Im Museum

Im Deutschen Museum haben wir einen Modellversuch zur Fliehkraft: Ein Motorradfahrer wird ganz schnell im Kreis gedreht und schon bewegt er sich nach außen, auf einer nach oben gewölbten Fahrbahn. So etwas gibt es auf der Kirmes oder im Zirkus: Da rasen Motorradfahrer so schnell im Kreis herum, dass sie sogar an einer senkrechten Wand »kleben« bleiben, während sie fahren.

Und in der Achterbahn kann man mit dem Kopf nach unten hängen. Man fällt aber nicht hinunter, sondern wird trotzdem zurück auf die Fahrbahn gedrückt, eben durch diese Fliehkraft.

Das mit der Erde ist aber doch verwunderlich. Wenn die Erdoberfläche am Äquator sogar mit mehr als 1.600 km/h im Kreis herumrast, warum wird dann nichts von der Erde weggeschleudert? Am Äquator könnten dann eigentlich keine Menschen oder Schiffe oder Wassertropfen existieren. Sie müssten sofort durch die Fliehkraft in den Himmel geschleudert werden. Stimmt aber nicht. Weil die Schwerkraft der Erde viel größer ist – selbst am Äquator, wo wir uns mit der Erdoberfläche am schnellsten drehen, ist sie etwa 300-mal größer als die Fliehkraft. Wir dürfen die Fliehkraft auf unserer Erde, Gott sei Dank, einfach vergessen.

Zum Tüfteln 11

Dazu eine nicht ganz einfache Frage, die du jetzt vielleicht beantworten kannst: Wenn du von Südamerika nach Afrika fliegst, bist du ein Quäntchen leichter als von Afrika nach Südamerika. Warum? Genau so ergeht es dir auch beim Flug aus den USA nach Deutschland und umgekehrt. Womit hat das zu tun? Im Glossar findest du Näheres dazu.

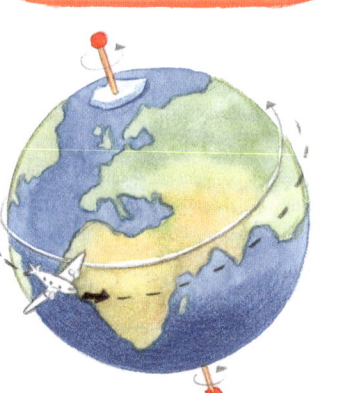

Wir merken also nichts von der Fliehkraft der Erde. Aber die Erde selbst merkt etwas davon! Sie hat eine solch riesige Masse und die Fliehkraft am Äquator zerrt schon seit Milliarden von Jahren an ihr, dass sich doch etwas getan hat. Als man zum ersten Mal genauer maß, wie dick die Erde am Äquator ist und wie hoch vom Südpol zum Nordpol, da war man verblüfft. Vom Nordpol zum Südpol ist der Durchmesser der Erde 12.714 km. Am Äquator ist sie aber um 43 km dicker. Die Erde ist also durch die Fliehkraft etwas auseinandergezogen worden; na, bei mehr als 12.000 km Durchmesser ist das eigentlich ein Pappenstiel.

Die Erde ist nicht richtig rund

43 km MEHR

Am Äquator ist die Erde dicker (unsere Illustration übertreibt hier aber etwas).

Woher kennt man überhaupt den Durchmesser der Erde? Auch das haben schon die Griechen vor mehr als 2.000 Jahren herausgefunden. Wie? Das erklären wir auch im Glossar.

Es gibt aber ein verblüffend einfaches Experiment, mit dem du selbst die Erde ausmessen kannst – darauf sind selbst die Griechen nie gekommen.

Zum Ausprobieren

Wenn du den nächsten Urlaub am Meer verbringst, beobachte doch am Strand einen Sonnenuntergang am fernen Horizont. Du brauchst nur eine Stoppuhr und ein Metermaß zum Messen. Lege dich in den Sand und warte, bis der letzte Strahl der Sonne gerade erlischt. Jetzt schalte sofort die Stoppuhr ein und stehe schnell auf (genauer wird es, wenn du rasch in den ersten Stock eures Ferienhauses läufst). Weil du nun höher stehst, ist die Sonne doch noch nicht ganz untergegangen. Du siehst nun wieder einige Sekunden lang die letzten Strahlen. Wenn auch hier der letzte Strahl erlischt, stoppe die Uhr – möglichst genau. Wie viel höher waren deine Augen jetzt gegenüber vorher, als du im Sand gelegen bist (im Ferienhaus kommt noch die Höhe des jeweiligen Stockwerks dazu)? Miss das mit deinem Metermaß als Höhe aus.

Und jetzt gilt:

Erddurchmesser in Kilometern = 760.000-mal deine gemessene Höhe (in Metern) geteilt durch die gemessene Zeit (in Sekunden) und nochmals geteilt durch die Zeit (in Sekunden). – Im Glossar erkläre ich das alles genauer.

Doch nun zurück zu dem 43 km dickeren Äquator. Als das vor mehr als 500 Jahren entdeckt wurde, fiel es einigen klugen Wissenschaftlern wie Schuppen von den Augen. Das war der erste Beweis, dass die Erde sich dreht.

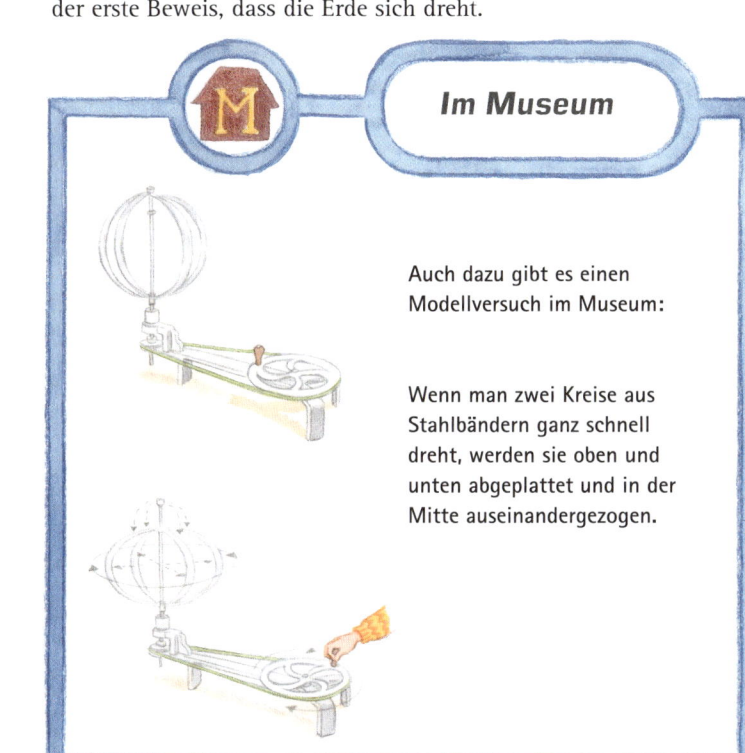

Im Museum

Auch dazu gibt es einen Modellversuch im Museum:

Wenn man zwei Kreise aus Stahlbändern ganz schnell dreht, werden sie oben und unten abgeplattet und in der Mitte auseinandergezogen.

Also 43 km reichen aus und Punktum: Die Erde dreht sich um sich selbst und nicht die Sonne um die Erde. Wegen dieser 43 km bist du am Äquator übrigens noch ein Stückchen leichter – zu dem unmerklichen Quäntchen dazu, dass die Fliehkraft an dir zerrt. Denn du bist nun 21,5 Kilometer weiter vom Erdmittelpunkt weg, die Schwerkraft ist ein ganz klein wenig geringer. All das merkt natürlich keine Maus.

Halt, einen ganz tollen Beweis für die Drehung der Erde hätte ich beinahe vergessen. Aber der wurde erst vor gut 160 Jahren gefunden: Es ist das Pendel von Foucault (ausgesprochen »fucoo«, ein französischer Physiker also).

Im Museum

Im Turm des Deutschen Museums hängt solch ein Pendel zum Beweis der Erddrehung, ganz oben aufgehängt und frei 50 m herunterreichend, fast so hoch wie der ganze Turm. Es schwingt langsam vor sich hin. Jeden Tag wird es von unseren Vorführern neu in Bewegung gesetzt. Es schwingt geradeaus über einem aufgemalten Kreis am Boden, auf dem mehrere Klötzchen aufgestellt wurden, immer geradeaus, hin und her. Aber während es so den lieben langen Tag schwingt, dreht sich die Erde unter ihm weg. Das merken wir alle nicht, weil wir uns mitdrehen. Aber das Pendel will penetrant geradeaus schwingen. Also dreht sich der ganze Kreis unter ihm, zusammen mit der Erde und mit uns weg. Ein Klötzchen nach dem anderen auf diesem Kreis wird im Laufe eines Tages von der schweren Pendelkugel umgelegt. In der Ausstellung »Physik« gibt es ein Modellexperiment zum Foucault'schen Pendel: Da schwingt ein kleines Pendel über einer drehbaren Scheibe. Wenn wir die Scheibe mit dem Pendel nun langsam drehen, denkt das Pendel nicht daran, sich mitzudrehen, es schwingt weiter unbeirrt in gleicher Richtung. Man kann sich nun klitzekleine Menschlein auf der Scheibe vorstellen, die sich mitdrehen, natürlich nichts von der Drehung merken und staunen, dass das Pendel scheinbar vor ihren Augen langsam die Richtung wechselt.

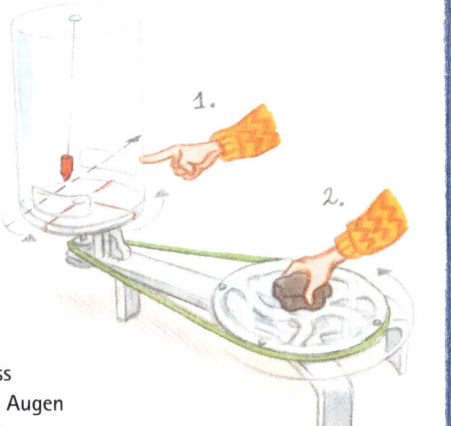

Vor gut 160 Jahren gab es auch ein Foucault'sches Pendel im Kölner Dom.

Kommen wir nochmals zurück zur auseinandergezoge-
nen Erde. Wenn die Erde an ihrer Oberfläche (auch unter den Weltmeeren) nicht aus festem Gestein bestünde,
sondern ganz aus Gasen und Flüssigkeiten, wie etwa
der Riesenplanet Jupiter, dann würde sie viel stärker an
den Polen abgeplattet und am Äquator auseinandergezogen sein. Schon ein Amateurfernrohr kann dir das am
Jupiter zeigen.

*Der Jupiter ist
viel stärker
abgeplattet
als die Erde.*

**Leben wir in
einer Hohlwelt?**

Zum Schluss noch eine fast unglaubliche, aber wahre
Geschichte: Ungefähr zur Zeit der ersten Mondflüge,
vor mehr als 40 Jahren, habe ich mit Leuten diskutiert,
die nicht daran glauben wollten, dass wir außen auf der
Oberfläche unserer Erdkugel herumspazieren. Sie waren
überzeugt, dass wir auf der Innenfläche, sozusagen auf
dem inneren Rand eines riesigen Fußballs leben. Im
Mittelpunkt des Fußballs stehen die Sonne und der ganze Sternenhimmel zusammengedrückt. Wir laufen immer innen auf der Fußballschale herum und schauen
zum Himmel in die Mitte des Fußballs. Die Lichtstrahlen
kommen natürlich nicht geradlinig zu uns, sondern

krümmen sich, sodass wir von all dem Trug nichts merken. Die riesige Fußballschale unter unseren Füßen zieht uns alle per Schwerkraft an. Das ist übrigens keine dünne Schale, sondern sie ist unendlich dick. Wenn wir da weiterbohren würden, kämen wir immer tiefer und nie auf die andere Seite der Erde.

Das klingt wie ein Hirngespinst, aber wenn man verschiedene physikalische Vorstellungen ändert und Lichtstrahlen stark gekrümmt laufen lässt, dann ist das selbst von superschlauen Physikern gar nicht wegzudebattieren. Ein witziger Beweis für diese seltsame Theorie wäre: Wenn man lange geht, krümmen sich die Schuhsohlen in der Tat immer nach oben und nicht nach unten, wie es doch bei einer kugeligen Erde sein sollte. Aber das hat natürlich völlig andere Gründe: weil wir bei jedem Schritt unsere Fußsohlen mit den Schuhen abrollen. Und außerdem: Die Erde ist so groß, dass sie unseren kleinen Füßen einfach nur flach erscheint, für Füße und Schuhsohlen existiert die Erdkrümmung nicht.

Leben wir auf dem inneren Rand einer Hohlerde?

59

6. Mit dem Rennwagen zum Superstar Einstein

Starke Motoren

Von null auf 100 km/h in zehn oder vielleicht sogar sechs Sekunden, das ist für Autofans ein toller Kitzel – wenn man durch die Gegenkraft in die Sitze gedrückt und der Magen zurückgepresst wird und dann wieder nach vorne springt. Ein starkes Sportauto beschleunigt, so sagt man, in sechs Sekunden von null auf 100 km/h. Ein Rennwagen kann noch schneller sein. Je stärker der Motor ist, desto schneller wird er die 100 km/h erreichen, desto größer ist seine Beschleunigung, wenn nicht schon vorher die Räder quietschend durchdrehen, weil sie nicht mehr am Boden haften.

Das kann mit einer Rakete nicht passieren. Jagt sie genügend heiße Gase schnell genug aus den Raketenmotoren nach hinten heraus, kann sie super beschleunigen, 20-mal besser als jeder Rennwagen.

Wer kann einen »Motor« nennen, der besser beschleunigt als jeder Sportwagen und der jedem und überall zur Verfügung steht? Leider wirkt er nur nach unten: die Schwerkraft der Erde. Springe einfach von einem Stuhl herunter und du kannst sagen, ich bin schneller gestartet als jeder Sportwagen – leider nur für eine Drittelsekunde. Länger dauert der Spaß, wenn du aus dem zehnten Stock eines Hochhauses herunterspringst. Doch das Abbremsen dabei ist tödlich – das kann ich also nicht empfehlen. Beim Bungeespringen dagegen wird – relativ – sanft gestoppt (wehe aber, wenn das Seil reißt). Einfacher ist der Sprung vom Zehn-Meter-Brett im Schwimmbad, das sind immerhin fast 1 ½ Sekunden rasante Beschleunigung!

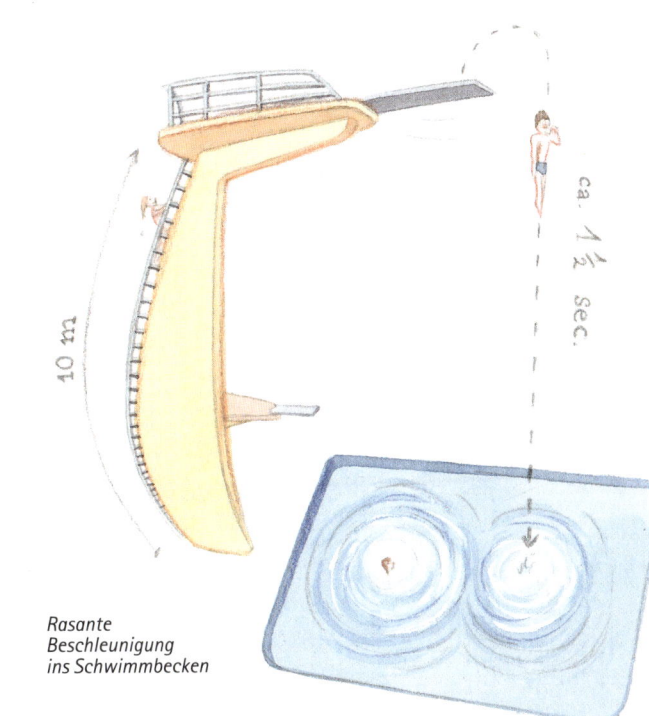

10 m

ca. 1½ sec.

*Rasante
Beschleunigung
ins Schwimmbecken*

Die Erdanziehungskraft beschleunigt etwa doppelt so schnell
wie unser Sportwagen, in knapp drei Sekunden wäre man auf
100 km/h. Ins Schwimmbadwasser rauschst du vom Zehn-
Meter-Brett mit rund 50 km/h! Fallschirmspringer, die zunächst auch frei herunterfallen, beschleunigen genauso rasant, werden aber nie schneller als etwa 200 km/h, obwohl sie
doch viel länger fliegen als du vom Zehn-Meter-Brett. Warum
wohl? Weil die Luft bremst. Schon nach 400 m Fallen ist Sen-
se mit der Beschleunigung. Richtig abgebremst werden sie natürlich erst durch den Fallschirm, sobald er sich öffnet. Gott
sei Dank, denn mit 200 km/h auf den Boden zu prallen, das
würde keiner überleben. Aber manche kosten diesen Kitzel
richtig aus und reißen erst kurz über dem Boden mit ihrer
Reißleine den Schirm auf – das wäre nichts für mich.

Was heißt eigentlich immer schneller werden? Das hat Galileo Galilei vor 400 Jahren genau untersucht. Die einfachste Antwort ist – und die kannte man schon lange vor Galilei: In jeder Sekunde nimmt die Geschwindigkeit eines beschleunigten Gegenstandes immer gleichmäßig zu. Alles, was fällt, ein Fallschirmspringer zum Beispiel, wird in jeder Sekunde um knapp 10 m pro Sekunde schneller. Also nach der ersten Sekunde hat er gerade diese Geschwindigkeit erreicht, nach der zweiten sind es schon knapp unter 20 m pro Sekunde und so weiter. Nach der dritten Sekunde rast er schon mit etwa 28 m pro Sekunde nach unten, das heißt mit über 100 km/h.

Galilei hatte aber zunächst mit einer ganz anderen Frage zu kämpfen, die seit 2.000 Jahren falsch beantwortet wurde: Ein schwerer Felsbrocken, der aus dem Berg bricht – so glaubte man –, donnert sehr viel schneller herunter als ein kleiner losgebröckelter Stein.

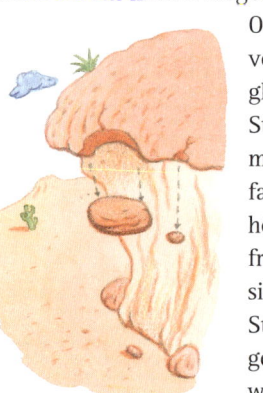

Oder: Ein schweres Stück Blei, vom Schiefen Turm von Pisa gleichzeitig mit einem leichten Stück Holz heruntergeworfen, müsste viel schneller herunterfallen. Tut es aber nicht – es ist höchstens ein kleines Stück früher unten. Warum? Weil sich das schwere und träge Stück Blei genauso viel stärker gegen die Beschleunigung wehrt, wie es stärker von der Erde angezogen wird. Und warum ist das wiederum so? Darüber hat Albert Einstein geknobelt und dazu gleich mehr. Aber zunächst kannst du die Fallversuche selbst ganz leicht nachvollziehen – sogar ohne Schiefen Turm von Pisa.

Nimm einen Schlüsselbund in die rechte Hand und ein Stück zusammengeknülltes Papier in die linke. Auf Kommando »2, 1, los!« lass beides gleichzeitig fallen. Was ist eher unten? Eigentlich müsste es doch – so glaubte man vor Galilei – der viel schwerere Schlüsselbund sein. Stimmt aber nicht, sie kommen beide etwa gleichzeitig unten an.

Eisen und Papier fallen also auch gleich schnell. Wenn wir allerdings das Papier nicht zusammenknüllen, sondern schön ausbreiten und nochmals das Gleiche probieren, dann ist der Schlüsselbund schneller. Warum? Genau das erklärte Galilei: Entscheidend ist, dass Luft um das Papier herum existiert! Ein flaches Blatt Papier wird durch diese Luft viel besser abgebremst als ein zusammengeknüllter Papierklumpen – und ein riesenbreiter Fallschirm viel besser als ein frei herunterplumpsender Mensch.

Wenn es keine Luft gäbe, ja, dann gäbe es keinen Grund, warum nicht ein Felsblock oder eine Lokomotive genauso schnell fallen sollten wie eine ganz leichte Flaumfeder. Und ein Fallschirmspringer hätte dann, trotz Fallschirm, keine Chance zu überleben, so wahnsinnig schnell würde er auf die Erde donnern.

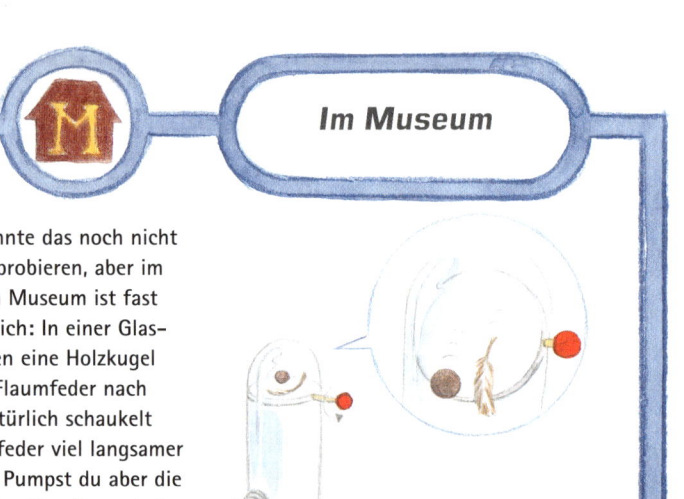

Galilei konnte das noch nicht selbst ausprobieren, aber im Deutschen Museum ist fast alles möglich: In einer Glasröhre fallen eine Holzkugel und eine Flaumfeder nach unten. Natürlich schaukelt die Flaumfeder viel langsamer zu Boden. Pumpst du aber die Luft aus der Glasröhre, sind beide in null Komma etwas gleichzeitig unten.

Wie fallen Steine?

Galilei hat sich übrigens ganz ohne jedes Experiment einfach überlegt, dass das mit dem schnelleren Felsbrocken und dem langsameren Stein gar nicht stimmen kann. So etwas nennt man ein Gedankenexperiment. Er

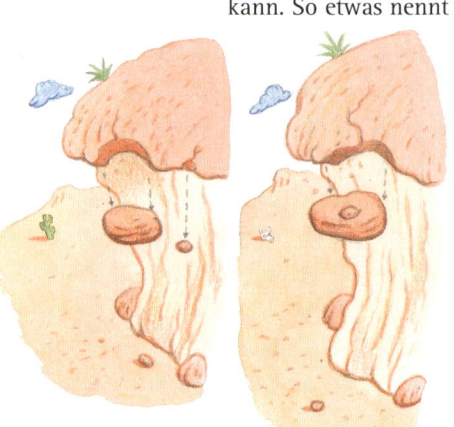

dachte etwa so: Wenn ich den kleinen Stein in ein Loch des größeren Felsbrockens stopfe und dann beide fallen lasse, was passiert? Der Felsbrocken ist ja nun noch ein bisschen schwerer geworden, er müsste also – nach der alten Theorie – noch ein bisschen schneller fallen. Andererseits sollte der kleine Stein alleine langsamer fallen! Hineingestopft in den großen

Fels müsste er diesen doch ein bisschen abbremsen. Einerseits müsste das Fels-Stein-Gespann also schneller sein, andererseits langsamer. Ja, was gilt denn nun? Einfachste Lösung: Beide fallen von vornherein gleich schnell. Dann gibt es keinen Gedankensalat. Prima! Man kann also – ohne ein wirkliches Experiment – solch ein Problem rein mit Gedanken lösen.

Die Raumfahrer David Scott und James Irwin haben 1971, als sie mit Apollo 25 auf dem Mond landeten, auch ein Fallexperiment gemacht – damit alle Fernsehzuschauer auf Erden endlich an Galilei glauben. David Scott ließ einen schweren Hammer aus der einen Hand fallen, aus der anderen gleichzeitig eine leichte Falkenfeder. Und sie waren natürlich beide gleich schnell auf dem Mondboden. Den Originalfilm findest du im Internet.

Fallexperimente auf dem Mond

Um welches Maß aber ein fallender Stein immer schneller wird, das hat Galilei nicht mit Gedankenexperimenten, sondern mit wirklichen Versuchen herausgefunden. Er hat zum Beispiel Kugeln eine schräge Bahn herunterlaufen lassen und mit einer Wasseruhr gemessen, wie lange sie dafür brauchen. Sein berühmtes Fallgesetz lautet jedenfalls:

Noch einmal ein Traumtunnel durch die Erde

Treiben wir noch einmal unseren Traumtunnel quer durch die Erde nach Neuseeland. Wir pumpen ihn jetzt richtig luftleer (mit irgendeiner riesigen Traumpumpe) und springen dann hinein, im Taucheranzug mit Sauerstoffflaschen. Wie stark würden wir durch die Anziehungskraft der Erde beschleunigt? Natürlich erst einmal in knapp drei Sekunden auf 100 km/h und dann

weiter, immer schneller; bis zum Mittelpunkt der Erde. Wie schnell wären wir schließlich? In jeder Sekunde wird ja alles, was frei herunterfällt, um etwa 10 m pro Sekunde schneller – etwa doppelt so viel wie bei unserem Sportwagen. So rasant beschleunigst du nun auch im Traumtunnel. Nach drei Sekunden jagst du schon mit über 100 km/h durch die Erde und wirst schneller und schneller. Da gibt es aber ein Problem, das wir bei unserer ersten Tunnelfahrt noch nicht erklärt haben: Du kommst immer näher an den Erdmittelpunkt heran. Das heißt, du wirst immer weniger stark beschleunigt – auch wenn deine Geschwindigkeit weiter zunimmt –, weil dich nur noch die Erde vor dir nach unten zieht. Der Teil, durch den du schon gefallen bist, zieht dich ja zurück.

Galileis Experimente haben wir im Museum nachgebaut, zusammen mit seinem ganzen Arbeitszimmer. So ähnlich könnte es ausgesehen haben.

Am Erdmittelpunkt schließlich, im Schwerpunkt der Erde, heben sich alle ihre Anziehungskräfte auf dich auf. Für einen Augenblick nur zieht und zerrt nichts mehr an dir. Du hast mit rund 28.500 km/h deine höchste Geschwindigkeit erreicht.

Wieviel g hält ein Mensch aus?

Dieses Maß »10 m pro Sekunde in jeder Sekunde schneller« nennt man übrigens die Erdbeschleunigung. Sie bringt uns also in etwa drei Sekunden auf 100 km/h. Sie gilt nur an der Erdoberfläche und wird umso kleiner, je tiefer wir in unseren Tunnel fallen (oder je höher wir über der Erde sind). Man sagt auch kurz dazu: 1 g. Wie viel g hat also unser starkes Sportauto, das in sechs Sekunden auf 100 km/h beschleunigt? Richtig, nur etwa ein halbes g.

Raumfahrer in einer Rakete, die zum Mond oder zu einem Satelliten um die Erde geschossen wird, werden für einige Minuten noch viel stärker beschleunigt, damit die Rakete überhaupt von der Erde wegkommt – bis zu einigen g. Das ist riesig anstrengend. Einige g pressen die Astronauten nicht einfach nur in die Sitze wie beim Rennwagen, sie drücken ihre Haut und ihre Muskeln und Knochen so stark zusammen, dass das Blut aus den Adern weicht. So ein armer Raumfahrer kann kaum noch atmen und muss stark mit der Lunge pumpen, damit sein Gehirn noch genügend Sauerstoff bekommt. Viel mehr würde kein Mensch aushalten. Astronauten üben natürlich vorher sehr hart, damit sie überhaupt einen solchen Raketenstart überstehen. Auch deshalb sollten sie drahtige Sportler sein.

Brauche ich Kräfte, um etwas zu bewegen?

Wissenschaftler denken über die selbstverständlichsten Sachen nach und kommen auf ganz neue Ideen. Zum Beispiel: Warum braucht man überhaupt Kräfte, um einen Wagen loszuschieben oder anzuziehen? Wenn er

Leider können wir alle weder Astronauten noch Erdtunnelflieger spielen. Falls du aber irgendwo in deiner Umgebung oder in den Ferien einen tiefen Brunnen findest, zum Beispiel auf einer alten Burg, kannst du ein einfaches Experiment machen: Lass einen Stein in den Brunnen fallen und miss mit deiner Armbanduhr, wie lange es dauert, bis du ihn unten auftreffen hörst. Sagen wir drei Sekunden. Dann sagt uns das Fallgesetz von Galilei: Die Brunnentiefe ist gleich ½ mal g mal Fallzeit mal Fallzeit, also für unser Beispiel ziemlich genau 5 mal 3 mal 3, das sind 45 m. Das ist doch was! So einfach lässt sich also die Tiefe eines Brunnens bestimmen. Wenn du genau messen willst, brauchst du allerdings eine Stoppuhr, die auch Zehntelsekunden anzeigt.

einmal rollt, geht in der Tat alles viel leichter. Wenn du dich beim Eislaufen das erste Mal abstößt vom Eis, kostet das Kraft. Dann gleitest du auf deinen Kufen fast von selbst dahin. Warum ist das so? Was du das erste Mal überwinden musst, nennt man Trägheit. Alles, was schwer ist, ob Wagen, Eisläufer oder Rakete, möchte eigentlich in Ruhe bleiben. Um etwas in Bewegung zu bringen, musst du seine Trägheit überwinden. Das kennen wir aus dem Alltag: Wenn einer zu träge zum Laufen ist, musst du ihm erst Beine machen. Im Unterschied zu uns ist die Trägheit eines Steins, eines Wagens, einer Rakete immer gleich groß – umso größer allerdings, je größer die Masse ist. Alles möchte also möglichst in Ruhe bleiben und wehrt sich gegen Bewegung? Nein, das stimmt so nicht ganz. Auf dem Eis kannst du ja, wie gesagt, lange dahingleiten. Nur der erste Anstoß kostet einige Kraft. Und eine Murmel oder eine Billardkugel, die einmal losgerollt ist, läuft auf einer glatten Fläche ziemlich lange leicht dahin. Von Raketen im Weltall oder der Erde, dem Mond und allen Planeten wissen wir, die können ewig im Weltall herumkutschieren, wenn sie einmal in Bewegung sind – ohne jeden Raketenmotor. Es darf nur keine Luft da sein, die sie abbremst.

Also nicht gegen die Bewegung wehrt sich alles, sondern gegen die Änderung der Bewegung, gegen die Beschleunigung also. Um eine Rakete im Weltall zu starten und zu beschleunigen, braucht man auch Raketenmotoren. Aber dann fliegt sie, gerade wegen ihrer Trägheit, von alleine weiter. Gefährlich kann so etwas für Astronauten werden, die außen an einer Raumstation etwas reparieren und sich plötzlich von der Wand abstoßen. Dann fliegen sie sachte weg. Und nichts und niemand bremst sie und bringt sie wieder zur Raumstation zurück. Sie fliegen langsam, aber stetig immer weiter weg, soviel sie auch zappeln und stoßen. Sie

können sich ja nirgendwo festhalten und abstoßen im leeren Weltraum. Entweder haben sie selbst einen kleinen Raketenmotor, mit dem sie sich wieder zurückschießen können, oder am besten zusätzlich: Sie sind mit einem Seil an der Station angebunden, wie Matrosen bei Sturm auf dem Schiffsdeck.

Vor mehr als 40 Jahren und mehr haben wir Menschen schon Raumsonden ins All geschossen. Sie heißen Pioneer und Voyager, und fliegen heute, nach so vielen Jahrzehnten immer noch weiter. Die Raketenmotoren waren natürlich schon nach einigen Minuten ausgebrannt. Aber der Rest der Raketen, die Raumsonden – sobald sie einmal im Weltall waren – flogen und fliegen immer weiter. Sie haben schon längst unser Planetensystem verlassen. Wären wir mitgeschossen worden, sähen wir die Sonne nur noch als besonders hellen Stern unter vielen anderen. Diese Raumsonden sind eine Art Flaschenpost, denn sie enthalten Nachrichten über uns Menschen auf der Erde. Man hofft, dass sie in einer fernen Zukunft auf andere bewohnte Planeten um fremde Sonnen treffen. Allerdings ist es noch unwahrscheinlicher als bei einer Flaschenpost, dass sie je gefunden werden. Schon die allernächste Sonne, Alpha Proxima Centauri, ist mehr als 40 Billionen Kilometer von uns entfernt. Die einsamen Raumsonden würden noch Tausende von Jahren brauchen, solche Nachbarsterne zu erreichen. Und dort gibt es gar keine Planeten, soweit wir heute wissen.

Weltraumsonden sind ewig unterwegs

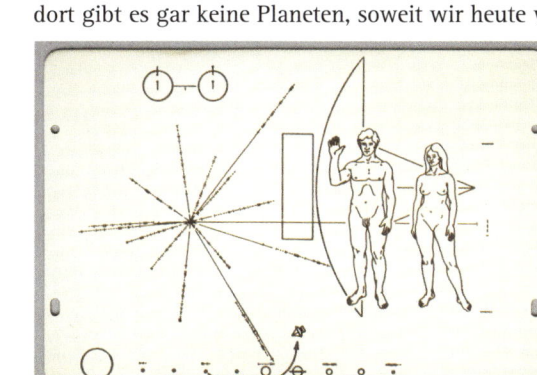

Die Botschaft der Erde an Bord der Raumsonde Pioneer 10 – unten ist unser Sonnensystem abgebildet

Auch die Erde »merkt«, dass sich ein herabfallender Stein dagegen wehrt, immer schneller zu werden. Er will eigentlich nicht fallen, er ist eben träge. Die Erde braucht schon eine Weile, um ihn schneller und schneller zu machen. Und dabei gibt es noch etwas Seltsames. Wenn wir auf einer Waage stehen, zeigt sie unser Gewicht an, bei mir beispielsweise 70 kg. Wenn sich jetzt plötzlich unter meiner Waage der Boden öffnen würde, wie etwa bei einem Erdbeben (hoffentlich nie!), und ich würde mitsamt Waage nach unten fallen, was würde die Waage dabei anzeigen?

Was zeigt eine Waage im freien Fall an?

Gar nichts mehr! In der Tat gar nichts. Denn ich kann nicht mehr auf die Waage drücken, sie fällt ja unter meinen Füßen weg, zusammen mit mir. Solange ich frei herunterfalle, bin ich scheinbar schwerelos und auch die Waage ist es, so wie du das von Astronauten kennst, mit all ihren Geräten in einer Raumstation.

Zum Ausprobieren

So etwas kannst du auf deiner Badezimmerwaage ausprobieren, falls ihr noch eine alte Zeigerwaage habt – bei elektronischen Waagen funktioniert das leider nicht, weil sie nur verzögert reagieren. Geh einfach – auf der Waage stehend – ganz plötzlich in die Knie, als ob du ein Stück fallen würdest. Sofort zeigt die Waage weniger Gewicht an. Schwerelos zu werden, schaffst du allerdings nicht. Dann müsstest du ja rasanter als ein Sportwagen in die Knie gehen. Außerdem musst du in der Hocke wieder abbremsen, da schlägt der Zeiger natürlich in Richtung mehr Gewicht aus.

Auf jeder großen Kirmes gibt es Falltürme, an denen du – festgeschnallt – etwa 40 m herunterfallen kannst. Tatsächlich, du schwebst plötzlich ein wenig über deinem Sitz. Du bist schwerelos geworden. Wenn du einen Rucksack aufhast, spürst du ihn nicht mehr. Auch er ist schwerelos. Und ein schwerer Stein in deiner Hosentasche, auch der scheint plötzlich nicht mehr da zu sein.

Was heißt eigentlich schwer? Gewicht ist ja die Anziehungskraft der Erde. Das Gesetz dazu hat der große englische Physiker Isaac Newton (siehe Glossar) vor mehr als 300 Jahren gefunden: Alles, was Masse hat, zieht alle anderen Massen an. Also zwei eiserne Kugeln ziehen einander an, auch zwei Menschen tun das (selbst wenn sie nichts voneinander wissen möchten). Warum merken wir aber nichts davon? Weil diese Kraft so irrsinnig klein ist und außerdem noch viel kleiner wird, je weiter weg die zwei Menschen, Kugeln oder sonst et-

Alle Massen ziehen einander an

73

was voneinander stehen. Wenn allerdings eine dieser Massen ganz riesig ist, zum Beispiel die Erde, dann merken wir diese Kraft sofort: Sie zieht uns immer zur Erde hin. Und wenn wir zwei riesige Massen haben, zum Beispiel die Erde und den Mond, dann ist diese Anziehungskraft noch deutlicher zu sehen: Der Mond fällt in etwa 30 Tagen einmal um die Erde herum, immer wieder aufs Neue. Direkt auf die Erde stürzen kann er nicht. Als er entstand, vor Milliarden von Jahren – vielleicht bei einem Crash eines fremden kleineren Planeten mit unserer Erde, wurden Stücke von der Erde und dem kleineren Planeten schräg von der Erde weggeschleudert. Sie klumpten wegen ihrer eigenen Schwerkraft zusammen, konnten aber nicht wegfliegen, weil die Erde sie zurückzog. Ganz zurückziehen konnte die Erde den schnell fliegenden Klumpen Mond aber nicht. So wurde er durch die Schwerkraft der Erde in eine (Fast-)Kreisbahn um uns herum gezwungen.

Und auch der Mond zieht an: zum Beispiel das Wasser der Weltmeere; aus diesem Grund gibt es Ebbe und Flut. Und auch die Sonne zieht die Erde (und alle Planeten) um sich herum an. Das ist also die Schwerkraft von Isaac Newton. Und deshalb haben wir überhaupt Gewicht.

Zum Tüfteln 12

Astronauten in einer Raumstation um die Erde sind scheinbar schwerelos. Sie fallen praktisch ständig um die Erde herum, mit all ihren Geräten, und sind deshalb so schwerelos wie wir im Fallturm auf der Kirmes. Auch sie können weder sich selbst noch sonst etwas auf einer Badezimmerwaage wiegen. Frage: Ist dann der Mond auch schwerelos?

Im Museum, in der Ausstellung »Physik«, gibt es einen Versuch, mit dem man sogar die winzige Anziehung von Bleikugeln zeigen kann. Lass ihn dir vorführen. Da hängt ein Waagbalken an einem dünnen Faden, mit zwei kleinen Bleikugeln an seinen Enden. Vor jeder der kleinen Bleikugeln steht eine dicke Kugel. Wenn man diese dicken Kugeln plötzlich auf die andere Seite der kleineren Bleikugeln schiebt, sieht man an einem Lichtzeiger, der über einen Spiegel am Aufhängefaden läuft, dass sich der Waagbalken tatsächlich den zwei größeren Kugeln nähert. Die zwei kleinen Bleikugeln werden also von den größeren Kugeln angezogen und setzen den Waagbalken in Bewegung.

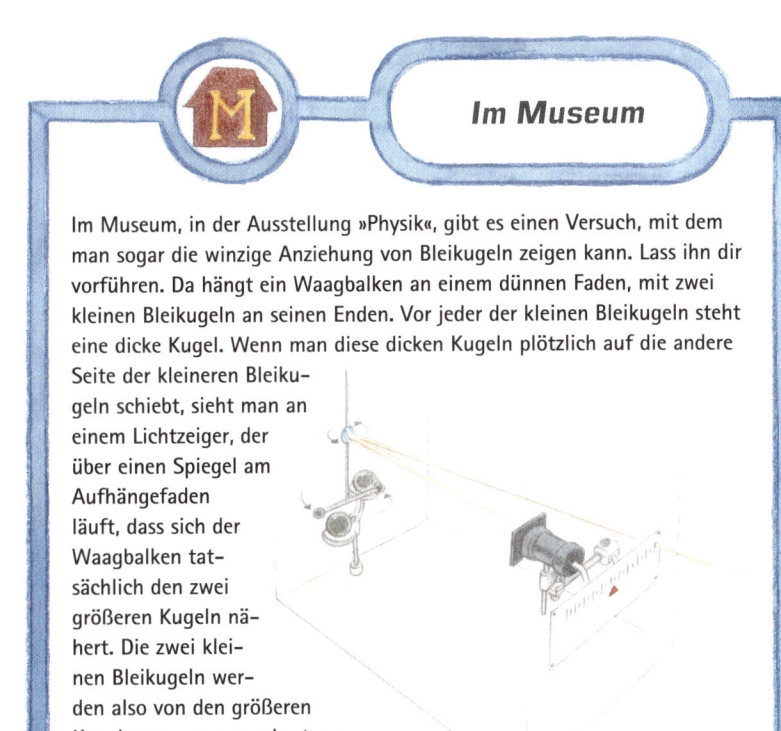

Kommen wir nun zu Albert Einstein. Er ist der Topstar aller Physiker – falls uns Archimedes und Newton nicht widersprechen. Da gibt es etwas Seltsames, worüber niemand vor Albert Einstein richtig nachgedacht hat: Wenn du in deinem Zimmer und ganz in Ruhe auf der Personenwaage stehst, misst du ja dein Gewicht, sagen wir 50 kg. Wenn dich jemand beim Schlittschuhfahren auf dem Eis beschleunigen will, misst er deine Trägheit, die sich gegen die Beschleunigung wehrt. Nehmen wir mal an, er zieht dich mit einer Federwaage los, an die man sonst einen Koffer hängt, um dessen Gewicht zu bestimmen. Wenn er dich nun mit Erdbeschleunigung, also mit 1 g, schneller machen könnte, würde diese Fe-

Mit Einstein im Fahrstuhl durch die Erde

75

derwaage auch 50 kg anzeigen – falls ihre Anzeige überhaupt so weit reicht. Das ist doch seltsam, sagte Einstein. Das erste Mal messe ich etwas, das mit der Schwerkraft zu tun hat. Das zweite Mal messe ich etwas, das mit Beschleunigung zu tun hat. Warum kommt dabei das Gleiche heraus? Vor 100 Jahren dachte er sich unser Fallexperiment aus, da gab es noch keine Kirmes-Falltürme und keine Weltraumstation: »Wenn ich, Albert Einstein, in einem Fahrstuhl im 100. Stockwerk eines Hochhauses stehe, plötzlich das Seil reißt und ich wie ein Stein herunterrase, würde ich im Fahrstuhl mein Gewicht nicht mehr spüren. Wenn ich in diesem Fahrstuhl auf einer Waage stünde, würde auch sie nichts mehr anzeigen. Die gesamte Waage würde nicht mehr auf den Boden drücken. Alles im Fahrstuhl würde herumschweben: das Taschentuch, das ich hervorhole, der Kaugummi, den ich ausspucke, und überhaupt alles.«

Ob freier Fall auf der Erde oder schwebend im Weltall: In seinem Fahrstuhl ist Einstein schwerelos.

Viel Zeit hatte er allerdings nicht in diesem Gedankenexperiment, denn nach etwa sieben Sekunden rammte sein Fahrstuhl gnadenlos in den Boden. Doch diese sieben herrlichen Sekunden reichten für Einsteins geniale Überlegung: Wenn der Fahrstuhl, wie jeder Fahrstuhl, keine Fenster hat, kann man doch gar nicht feststellen, ob das mit dem Fall aus dem 100. Stockwerk überhaupt stimmt. Vielleicht hat jemand – mir nichts, dir nichts – einfach von Anfang an die ganze Erde weggenommen. Also: Nicht das Seil ist gerissen und der Fahrstuhl fällt auf die Erdoberfläche zurück, sondern die Erde ist gar nicht mehr da und der Fahrstuhl schwebt schwerelos irgendwo im Weltall. In beiden Fällen passiert genau das Gleiche: Alles im Fahrstuhl hat überhaupt kein Gewicht.

Graben wir jetzt noch einmal unseren Tunnel quer durch die Erde bis Neuseeland, pumpen alle Luft heraus und setzen uns dieses Mal in einen Fahrstuhl, den wir in den Tunnel hineinfallen lassen. Der Fahrstuhl soll schön dicht geschlossen und wärmeisoliert sein, dann klappt das ohne Raumanzug. Der Fahrstuhl fällt, das wissen wir schon, immer schneller werdend, zum Erdmittelpunkt, schießt darüber hinaus bis nach Neuseeland, fällt wieder zurück und so weiter, immer zwischen Europa und Neuseeland hin und her pendelnd. Was spüren wir im Fahrstuhl davon? Gar nichts! Absolut gar nichts, sagt Einstein. Wir bleiben in jedem Augenblick vollkommen schwerelos, merken nicht, dass wir immer schneller werden, mit 28.500 km/h durch den Erdmittelpunkt rasen, merken nicht, dass wir in Neuseeland umkehren, wieder zurückrasen und so weiter. Es ist, als ob wir mit unserem Fahrstuhl irgendwo im leeren Weltall schwerelos herumschweben würden (siehe Glossar). Wenn wir kein Fenster haben, durch das wir hinausschauen, können wir nicht entscheiden, ob eine Erde da ist oder überhaupt gar nichts um uns herum.

Was spürt man im Fahrstuhl, wenn man durch die Erde fällt?

Und das war die eigentlich geniale Idee Einsteins, er traute sich nun zu behaupten: Die sogenannte träge Masse, die ich immer messe, wenn ich Beschleunigung messe, ist überall und generell gleich der schweren Masse, die ich mit einer Badezimmerwaage messe. Man weiß zwar nicht, warum, aber es ist nun mal so. Beschleunigung und Schwerkraft kann man sogar miteinander verwechseln, wenn man nicht genau hinschauen kann. Das zeigt der Fahrstuhlversuch.

Newtons Krake gibt es nicht – Raum und Zeit sind »krumm«

Und wenn man beides so leicht verwechseln kann, meint Einstein, dann kann ich auch sagen: Es gibt gar keine Schwerkraft, so wie sie sich Isaac Newton vorgestellt hat, die irgendwo in jedem Stern oder Planeten wie ein Krake sitzt und alles anzieht. Sondern: Sterne, Planeten, alles was ungeheuer schwer ist, verkrümmen den Raum (und die Zeit) wie unsichtbare Schienen, auf denen sich alles bewegen muss.

Stell dir vor, du schaust aus dem dritten Stock eines Hauses auf den Spielplatz unter dir, auf dem Kinder mit kleinen Murmeln spielen. Sie haben mit Sand kleine Hügel aufgeschüttet und ein paar flache Gruben in den Boden gegraben. Die Aufschüttungen und Gruben kannst du aus dem dritten Stock nicht so genau sehen. Du siehst aber, wie die Murmeln seltsame Bahnen laufen, nicht gerade, sondern oft krumm, manchmal schneller werdend, manchmal langsamer. Wenn du die Sandhügel und Gruben nicht so genau sehen kannst, kommst du vielleicht auf die Idee, da gibt es irgendwelche geheimnisvollen Kräfte, die die Murmeln nach links oder rechts zwingen und manchmal beschleunigen oder verzögern. Und wie für diese Murmeln im Sand gilt das auch für Raketen im Weltall, laut Einstein. Wenn Raketen in die Nähe eines Planeten kommen, werden sie in unsichtbare Schienen gezwungen und auf den Planeten zugelenkt. Das nennen wir eben Schwerkraft. Nur, weil wir Planeten und Sonnen sehen können, glauben wir, dass es so etwas wie diese althergebrachte Schwerkraft überhaupt gibt. Dabei verkrümmen solch große Massen einfach nur Raum und Zeit.

Auf gekrümmten Schienen durch Raum und Zeit

Gehen wir wieder auf die Kirmes. In der Achterbahn fahren wir gerade dann besonders rasant, wenn sich ihre Schienen besonders stark krümmen. Wenn wir nichts von diesen Schienen sehen und wissen würden, könnten wir auf den Gedanken kommen, da würden uns geheimnisvolle Kräfte herumzerren.

Selbst Licht muss auf solchen unsichtbaren Schienen im Raum laufen. In der Nähe von ganz schweren Dingen, zum Beispiel in der Nähe unserer Sonne, sind solche Schienen stärker gekrümmt; da wird sogar das Licht abgelenkt – wenn auch viel schwächer natürlich als eine schwere Rakete von einem Planeten. Aber selbst das abgelenkte Licht kann man nachweisen: Wenn ein Stern ganz nahe bei der Sonne steht (aber natürlich viel weiter weg von der Erde als die Sonne), dann lässt sich messen, ob er wirklich dort steht oder ob seine Lichtstrahlen, die nun nahe an der Sonne vorbeimüssen, so gekrümmt werden, dass wir den Stern an einer falschen

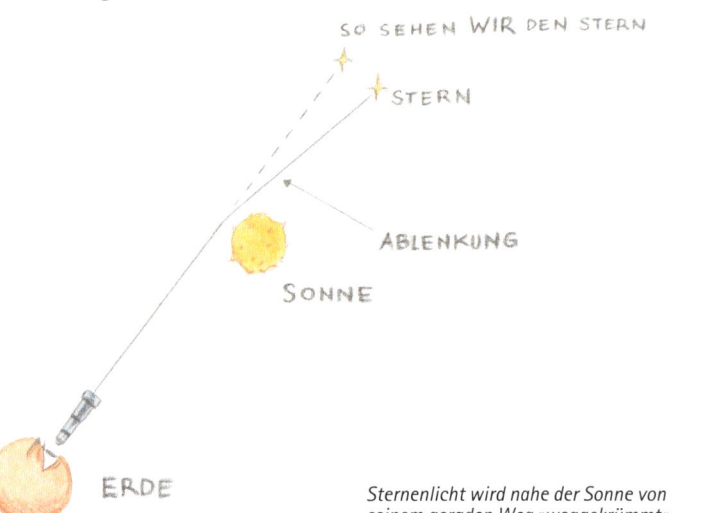

Sternenlicht wird nahe der Sonne von seinem geraden Weg »weggekrümmt«.

Stelle sehen. Allerdings gelingt dieser Nachweis nur, wenn die grelle Sonnenscheibe völlig abgedeckt wird, damit das schwache Sternenlicht überhaupt zu sehen ist. Das ist zum Beispiel bei einer Sonnenfinsternis der Fall.

Du kannst dir diese Augentäuschung so ähnlich vorstellen wie bei einer Zahnbürste, die du ins Wasser des Waschbeckens tauchst. Sie erscheint unter der Wasseroberfläche geknickt, weil alle Lichtstrahlen, die aus dem Wasser herauskommen, geknickt werden. Solch einen Versuch gibt es natürlich auch im Deutschen Museum.

Die Lichtstrahlen der Sterne, die an der Sonne vorbeilaufen, werden allerdings durch den gekrümmten Raum um die schwere Sonne abgelenkt und nicht durch Wasser. Das ist schon besonders seltsam. Denn dieser Raum ist ja ziemlich leer, nicht mit so etwas wie Wasser in unserem Waschbecken gefüllt.

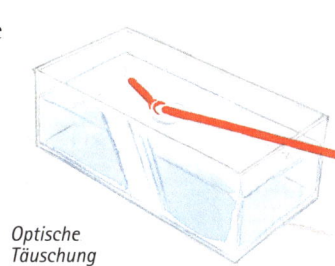

Optische Täuschung

Wisst ihr übrigens, was das letzte Spielzeug Einsteins war? **Das letzte Spielzeug Einsteins** Ich meine jetzt keinen Metallbaukasten aus seiner Jugendzeit – falls er überhaupt einen hatte. Nein, dieses Spielzeug bekam er zu seinem letzten Geburtstag geschenkt, bevor er im Jahr 1955 starb.
Es war ein Stab mit einem Glasballon an einem Ende und in dem Glasballon endete eine Sprungfeder mit daran befestigter Kugel. Die Feder sollte die Kugel in ein Loch ziehen, aber, raffinierterweise, hatte man sie zu schwach gemacht. Es klappte also nicht, sosehr man auch den Stab hin und her bewegte und auf und nieder schwenkte. Die schwere Kugel zappelte immer neben dem Loch herum, in das sie eigentlich gezogen werden sollte. Doch wenn man den Stab mit Kugel und schlapper Feder hochhob und einfach senkrecht ein Stück fallen ließ – schwupp, zog die Feder die Kugel senk-

recht nach unten in das Loch. Warum? Denkt an unseren Fahrstuhl zum Erdmittelpunkt! Der Stab fängt an zu fallen, also wird alles daran und darin scheinbar schwerelos. Auch die Kugel, die vorher nicht ins Loch fallen wollte, wiegt nun gar nichts mehr und Simsalabim kann die altersschwache Feder solch ein Nichtgewicht geradewegs nach unten ziehen. Das hat Einstein königlich amüsiert: seine Idee vom fallenden Fahrstuhl als pfiffiges Spielzeug. Vielleicht muss man überhaupt und immer Spaß am Spielen haben, mit allem in der Welt – dann macht man aufregende Entdeckungen!

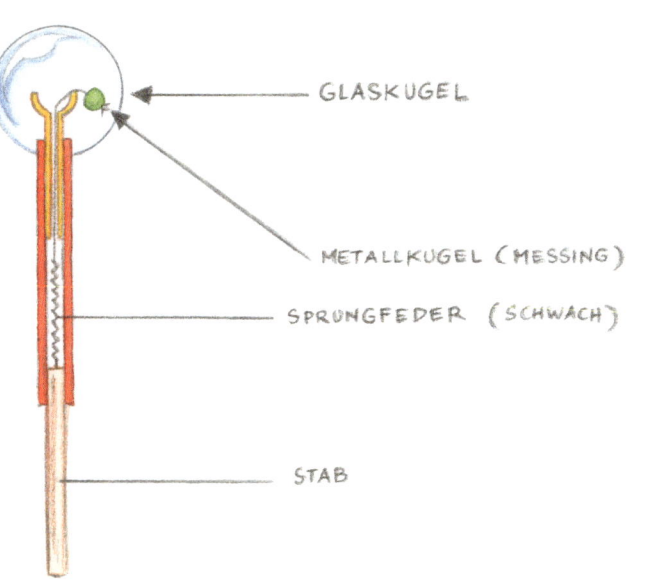

Einsteins letztes Spielzeug

Zum Ausprobieren

Versuche doch, Einsteins letztes »Spielzeug« einmal nachzubauen. Du brauchst dazu einen Joghurtbecher, einen langen Stab, einen Schnipsgummi als Sprungfeder und – einfacher – eine schwere Schraubenmutter statt einer Kugel. Wenn das gut klappt, dann schicke mir ein Foto vom Versuch ins Deutsche Museum!

Erfolg nur im freien Fall

Den gekrümmten Raum Einsteins können wir uns ganz einfach basteln – natürlich nur so eine Idee davon. Sehen kann man so etwas im Weltall nicht. Aber unsere kleine Bastelei auf der nächsten Seite zeigt, dass Lichtstrahlen, um die Sonne zum Beispiel, gekrümmt werden, einfach weil der Raum anders geformt ist.

Der gekrümmte Raum

Und alles geschieht einfach ohne irgendeine geheimnisvolle Schwerkraft, nur weil der liebe Gott den Raum um unsere Sonne, oder auch um unsere ganze Milchstraße, etwas anders »gebacken« hat als dort, wo gar keine Sterne sind. Leider, leider ist das alles unsichtbar für uns.

Zum Ausprobieren

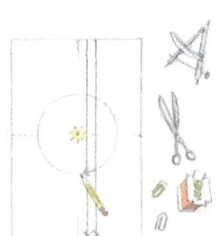

fig. 1.

1. Zeichne einen Kreis von etwa 12 cm Durchmesser auf ein Blatt Papier – beispielsweise um eine CD herum. In das Zentrum des Kreises male die Sonne – du kannst dir auch den Stern Wega oder Alpha Centauri vorstellen. Male nun zwei Sterne außerhalb des Kreises auf das Papier und ziehe ihre Lichtstrahlen als zwei gerade Linien durch den Kreis, einen näher an der Sonne, einen weiter weg von ihr. Die Strahlen gehen jetzt brav gerade hindurch und werden nicht gekrümmt. Der Raum um die Sonne ist ja schön flaches Papier.

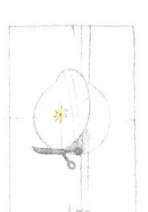

fig. 2.

2. Jetzt schneide die gemalte Kreisscheibe aus, schneide sie an einer Seite bis zum Mittelpunkt ein und ziehe sie zu einem flachen Kegel zusammen, mit der Sonne in der Kegelspitze. Den Kegel fixiere am besten mit einer Büroklammer.

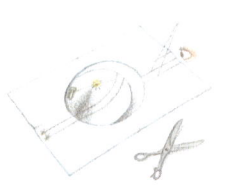

fig. 3.

3. Jetzt halte den Kegel an die abgeschnittenen Lichtstrahlen, die im übrig gebliebenen Papier von unseren zwei Sternen kommen und traurig im ausgeschnittenen Loch enden. Die Lichtstrahlen auf unserem Kegel sollen dabei ohne Knick an die »traurigen Reste« anschließen. Nun laufen die Strahlen wieder fröhlich über unseren Kegel weiter, aber, oh Wunder, ganz schön gekrümmt. Sie kommen nicht mehr dort heraus, wo sie auf dem flachen Papier gezeichnet wurden. Der näher an der Sonne vorbeiführende Lichtstrahl wird stärker abgelenkt, der andere schwächer. Das ist doch sehr überraschend!

Schwerkraft können wir uns also durch beschleunigte Bewegungen auf Raumzeitschienen ersetzen. Umgekehrt kann jede beschleunigte Bewegung uns Schwerkräfte vortäuschen. Nehmen wir an, ein großes Raumschiff, das frei im Weltall schwebt, mit scheinbar schwerelos darin herumschwebenden Astronauten, schaltet die Triebwerke an, erst sachte, dann immer stärker werdend. Die meisten Astronauten wissen nichts davon (und schauen sträflicherweise nicht auf ihre Instrumente), werden aber mehr und mehr an die Rückwand des Raumschiffs gedrückt. Könnten sie nicht auf die Idee kommen, da sei ganz plötzlich ein großer Himmelsbrocken direkt an der Rückwand ihres Raumschiffs erschienen, der sie in Wandrichtung zurückzieht? Oder umgekehrt, ein Zombieteam, das ihr Raumschiff sehr schnell nach vorne drückt?

Beschleunigung kann Schwerkraft vortäuschen

Eine startende Rakete täuscht Schwerkraft vor.

Wenn du beim rasanten Autostart vor der Ampel in die Sitze gepresst wirst, darfst du also laut Einstein denken, dass dich ein Planet nach hinten zieht, anstatt das Auto nach vorne? Das ist natürlich Unsinn! Dennoch könnte es aber sein! Schwerkraft und »immer schneller werden« ist nun mal ein und dasselbe für Einstein, selbst wenn das Beispiel mit dem Auto und dem Planeten absurd klingt. Hier kommt nun ein umgekehrtes Beispiel, das weniger verrückt klingt – aber auch hier könnte man an Schwerkraft glauben, dabei ist es doch nur Beschleunigung durch Fliehkraft:

Zum Ausprobieren

Nimm eine Plastikflasche, wirf eine Münze hinein, lasse sie erst in der Nähe des Flaschenhalses liegen und drehe dich mit der Flasche einmal im Kreis herum, indem du sie am Hals anpackst. Es muss gar nicht so schnell sein. Was passiert? Die Münze wird, durch die Fliehkraft, brav vom Hals weg, zum Flaschenboden gedrückt – so weit wie möglich von dir weg.

Denke dir die Flasche als Raumstation, die sich im Kreis um sich selbst dreht. Das ist eine Bewegung, die nicht auf einer geraden Linie bleibt, sondern ständig ihre Richtung ändert. Auch das nennt man beschleunigte Bewegung. Die Raumstation soll riesengroß sein, sagen wir mit 500 m Durchmesser ein supergroßes Rad, das sich dreht. Im Reifen dieses Rades, der natürlich mit Luft gefüllt ist, leben die Astronauten. Dort wird alles, wie unsere Münze, so weit wie möglich nach außen gedrückt. Alle Astronauten spüren also ihren »Fußboden« im äußersten Rand des Rades und schweben nicht mehr frei im Inneren herum. Sie können auf 500 mal 3,14 (so berechnet man den Umfang jedes Kreises aus seinem Durchmesser), das heißt auf 1.570 m entlanglaufen, immer mit dem schönen Gefühl, da unter ihnen zieht sie etwas an, das ist ihr Erdboden (siehe Glossar). Und toll: Nach 1.570 m kommen sie wieder an

Künstliche Schwerkraft in einer Raumstation

ihren
Ausgangs-
punkt zurück.
Da könnten sie ei-
nen richtigen Jog-
ginglauf ohne Ende ma-
chen, über 3 km, über 6 km und so weiter.
Solche Stationen haben Weltraumingenieure tatsächlich
geplant. Denn Schwerelosigkeit ist auf die Dauer gar
nicht so praktisch. Bei jedem noch so kleinen Stoß
schwebt alles davon. Wenn man aus Versehen aus-
spuckt, fliegt auch die Spucke herum. Trinken ist gar
nicht einfach, jeder Tropfen vor dem Mund fliegt sofort
in der Luft herum – auch unser kleines und großes Ge-
schäft macht ganz schöne Probleme. Und für unsere

Muskeln und Knochen ist die Schwerelosigkeit äußerst gefährlich: Ohne ständiges Fitnesstraining gäbe es sehr schnell Muskelschwund und Knochenrückbau. Also, besser ist es bei längerem Aufenthalt im Weltraum, eine künstliche Schwerkraft herzuzaubern. Da kämen solche Fliehkräfte nach außen in einer sich drehenden Weltraumstation gerade recht.

Was passiert übrigens in dieser Weltraumstation, wenn du einen Ballon in der Hand hältst, der nicht mit Luft, sondern mit Helium gefüllt ist? Helium ist ein seltenes Gas, das viel leichter als Luft ist. Auf der Erde steigt deshalb ein Ballon mit Helium schön nach oben. Und in der Weltraumstation? Überlege mal, während ich ein wenig weitererzähle.

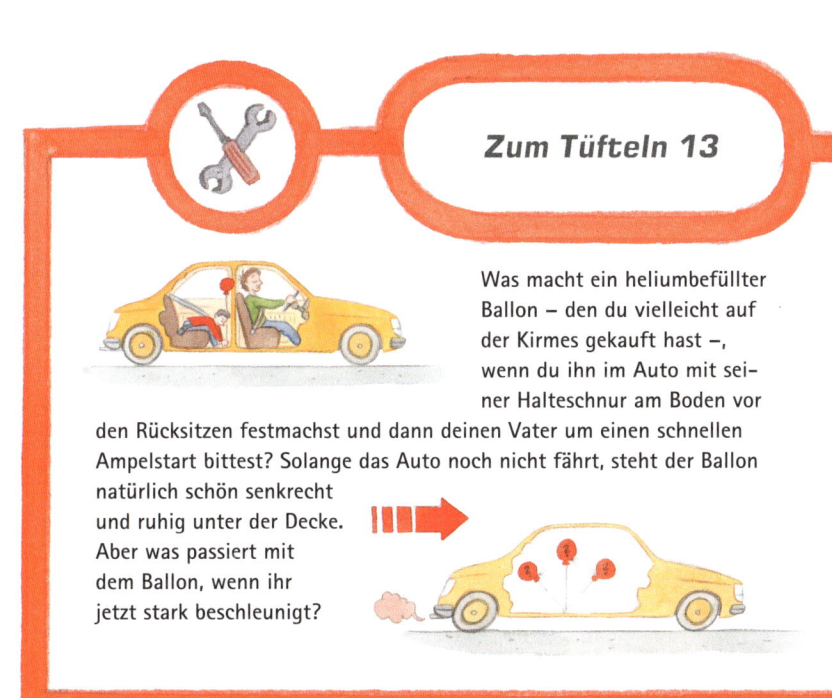

Zum Tüfteln 13

Was macht ein heliumbefüllter Ballon – den du vielleicht auf der Kirmes gekauft hast –, wenn du ihn im Auto mit seiner Halteschnur am Boden vor den Rücksitzen festmachst und dann deinen Vater um einen schnellen Ampelstart bittest? Solange das Auto noch nicht fährt, steht der Ballon natürlich schön senkrecht und ruhig unter der Decke. Aber was passiert mit dem Ballon, wenn ihr jetzt stark beschleunigt?

Das Tüftelexperiment 13 probieren wir, ungefährlicher, auch mit unserer Plastikflasche aus. Weil wir in die kleine Flasche schlecht einen großen Heliumballon drücken können, versuchen wir einen anderen Trick.

1. Fülle die Flasche ganz voll mit Wasser, möglichst ohne jede Luftblase, und gib eine dünne Scheibe, abgeschnitten von einem Korken, hinein. Kork ist leichter als Wasser – so wie Helium leichter als Luft ist. Kork kann ja im Wasser obenauf schwimmen. Stelle die Flasche auf den Hals (natürlich vorher gut verschließen!), sodass das Korkenstück nach oben zum Flaschenboden steigt und die Münze unten am Hals liegen bleibt. Sie ist ja schwerer als Wasser.

2. Jetzt packe die Flasche am Hals, lege sie vorsichtig waagerecht in die Hand und drehe dich damit wieder einmal im Kreis herum. Was passiert? Die Münze wird natürlich sofort durch die Fliehkraft nach außen geschubst, aber der Korken – das ist spannend – der bleibt nicht außen am Flaschenboden, sondern kommt auf dich zu, zum Hals der Flasche geschwommen. Das ist seltsam, oder? Nein, ist es nicht. Denn laut Einstein ist ja Beschleunigung gleich Schwerkraft. Der Korken kann das natürlich auch nicht unterscheiden. Und wenn nun die Fliehkraft nach außen wirkt und die schwere Münze dorthin zieht, »denkt« der Korken: »Halt, Kraft nach außen zieht die Münze und sogar das Wasser ein wenig nach außen – könnte ja Schwerkraft sein. Ich bin aber leichter als Wasser, ich muss also im Wasser in die entgegengesetzte Richtung, das heißt nach innen flutschen. So wie ich aus jedem Wasserglas, wenn man mich zu Boden drückt, natürlich sofort wieder nach oben steige.«

Wenn du dieses Flaschen-Korken-Münze-Experiment in der rotierenden Raumstation machen würdest, bräuchtest du dich gar nicht zu drehen. Du müsstest nur den Flaschenboden dorthin halten, wo dir deine Füße »unten« signalisieren, und sofort steigt der Korken im Wasser hoch und die Münze fällt herunter – denn beide »denken«, die Fliehkraft in der Raumstation ist nun ihre Schwerkraft, na klar. Und auch zu Hause passiert das Gleiche: Halte die Flasche, ohne dich zu drehen, einfach mit dem Flaschenboden nach unten. Natürlich steigt der Korken zu dir herauf, die Münze sinkt im Wasser herunter. Das bewirkt nun die Schwerkraft. Ob drehende Raumstation oder Erde: Die Wirkung ist die gleiche. Und wenn du die Augen schließt, kannst du dich jetzt schon als Raumfahrer fühlen. Im Glossar rechne ich dir aus, wie schnell sich die Raumstation drehen muss, damit du genau dein irdisches Gewicht erhältst.

Was macht also der Heliumballon an seiner Schnur in der Weltraumstation? Das kannst du jetzt sicher beantworten: Er macht es wie unser Korken im Wasser, er bewegt sich entgegengesetzt zu deinem Fußboden, also in Richtung Zentrum des drehenden Weltraumrades.
Jetzt kommen wir auch zu unserem Experiment im Auto: Was macht der Heliumballon beim rasanten Ampelstart? Du wirst dabei nach hinten in die Sitze gepresst – du bist ja viel schwerer als Luft. Also muss der Heliumballon, weil er leichter als Luft ist . . . in der Tat nach vorne gehen! Denn auch hier kann er nicht unterscheiden, was Schwerkraft und was Beschleunigung ist. Und wenn eine Kraft alles Schwere nach hinten presst, muss der Ballon als Superleichtes eben nach vorne wandern. Vorne ist jetzt für ihn »oben«. Schon überraschend, gib es zu! Aber es stimmt. Die Beschleunigung schlüpft einfach in die Rolle der Schwerkraft und keiner merkt es, wenn er die Augen zumacht oder gar keine Augen hat, wie Korken, Münze und Heliumballon.

Man kann mit diesem Verwechselspiel von Schwerkraft und Beschleunigung auch erklären, warum Licht sich krümmen muss. Gehe dazu noch einmal in Einsteins berühmten Fahrstuhl – diesmal sicher auf dem Boden stehend – und ziehe eine Laser-Taschenlampe heraus (die hatte Einstein natürlich noch nicht). Wenn du sie anknipst, rast das Licht auf die gegenüberliegende Wand. Genau gegenüber macht es einen Lichtpunkt. Wirklich genau gegenüber? Stimmt nicht, sagt Einstein. Stell dir vor, der Fahrstuhl steht nicht auf der Erde, sondern wird im Weltall von unbekannten Zombies mit Erdbeschleunigung, also 1 g nach oben gerissen, dann fährt er ja ein klitzekleines Stück höher, während der Lichtstrahl von einer Wand zur anderen saust. Der Lichtpunkt kommt also jetzt ein (ganz klein) wenig weiter unten an als vorhin, in einer schön gekrümmten Bahn. Diese Bewegung kann ich also im Fahrstuhl messen, wenn ich ganz genaue Instrumente für die klitzekleine Ablenkung habe. Ich würde dann sagen: »Das ist der Beweis, dass sich mein Fahrstuhl bewegt hat.«

Das darf aber kein Beweis sein, meint Einstein. Schnellerwerden nach »oben« und Schwerkraft nach »unten« kann man ja nicht unterscheiden. Also muss der Lichtstrahl genauso gekrümmt auch nach unten gehen, wenn er mit dem Fahrstuhl ganz still auf der Erde steht, denn da gibt es Schwerkraft, und das bedeutet ja so viel wie »hoch gerissen werden nach oben«. Genau das ist die Ablenkung durch den gekrümmten Raum um die Erde. Mehr dazu steht im Glossar.

So einfach hat Einstein mit Gedanken experimentiert. Aber geglaubt hat man ihm seine Überlegungen doch erst, als man die krummen Lichtstrahlen von Sternen am Rand der Sonne messen konnte. Das war im Jahr 1919. Die Erde selbst lenkt übrigens Lichtstrahlen so wenig ab, dass man das wirklich kaum messen könnte. Bei der Sonne ist das einfacher, sie hat ja über 300.000-mal mehr Masse.

Wir sind wieder in Einsteins Fahrstuhl. Einmal schwebt der Fahrstuhl im Raum und wird von keiner Schwerkraft angezogen, sondern von den Zombies mit 1 g nach oben gerissen und unser Lichtstrahl läuft scheinbar gekrümmt. Ein anderes Mal steht der Fahrstuhl still auf der Erde und der Lichtstrahl wird von der Schwerkraft gekrümmt. Beide Messungen sind gleich! Was aber passiert, wenn der Fahrstuhl auf der Erde steht und nun von Zombies mit 1 g nach oben gerissen wird?

Auch du kannst ganz einfach mit Gedanken experimentieren. So zum Beispiel mit obiger Tüftelfrage.

Im Übrigen erkläre ich im Glossar noch etwas zur gekrümmten Bahn des Lichtstrahls im Fahrstuhl. Denn sonst würde mein Beispiel fast schon für einen Fahrstuhl mit konstanter Geschwindigkeit gelten. Und konstante Geschwindigkeit ist etwas ganz anderes als beschleunigte Bewegung oder Schwerkraft!

7. Gibt es einen ganz leeren Raum?

Hat die Natur Angst vor dem Nichts?

Was ist eigentlich Luft? Ist Luft überhaupt etwas? Ich kann sie doch gar nicht greifen. Wenn jemand irgendeinen Plan ausführt und der misslingt, sagt man, das war eine Luftblase. Da war sozusagen nichts drin, jedenfalls nichts Gescheites. Doch schon bevor es überhaupt Physik gab, hat kein Mensch daran gezweifelt, dass Luft doch etwas ist. Woran merkt man das?

Am einfachsten natürlich am Wind: Die Luft strömt um uns herum, lässt Kleider flattern und kann sogar Regenschirme aus der Hand und Hüte vom Kopf reißen. Auch mit unserem Mund können wir Luft ganz deutlich irgendwohin blasen, etwa um eine Kerze auszulöschen.

Woran merken wir noch, dass Luft etwas ist? Durch die Luftpumpe und den Reifen, den wir damit aufpumpen, durch den Luftballon, die Luftmatratze, durch das Atmen, durch Luftblasen im Wasser. Was fällt dir noch ein?

Raffinierter ist folgendes Experiment. Zünde eine Wachskerze, die in einer Schale Wasser steht, an und stülpe ein großes Bierglas über die Kerze, sodass es im Wasser der Schale steht. Die Kerze brennt noch ein wenig und dann, überraschend schnell, geht sie aus. Das Wasser steigt im Glas hoch, mehr als 1 cm, wie von geheimnisvollen Kräften angesaugt. Warum?

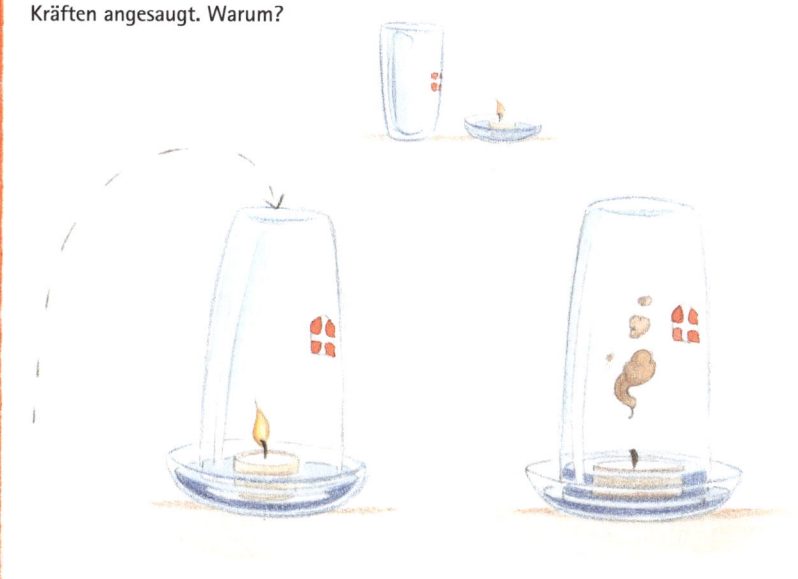

Alles, was brennt, braucht Luft. Deshalb kann man glimmende Grillkohle durch Anpusten richtig in Glut bringen. Und wenn man sie mit Erde zuschüttet, erlischt das Feuer.

Eine Kerze erlischt, wenn um sie herum die Luft durch das Brennen verbraucht ist. Und unter einem Bierglas ist nicht viel Luft vorhanden. Sie verbrennt - aber sie verschwindet nicht dabei, sie wandelt sich um. Sie wird zu einem anderen Gas.

So nennt man alle Luftarten, die so »leer« aussehen wie Luft. Die verbrannte Luft nennt man Kohlendioxid. Während die Kerze brannte, wurde alles Gas im Glas erhitzt. Nun kühlt es schnell ab. Dabei ziehen sich Gase besonders stark zusammen, machen sich also klein. Es wird mehr Platz im Glas und das Wasser steigt hoch. Warum eigentlich? Warum lässt es nicht einfach alles Gas etwas kleiner sein? Das wäre doch einfacher, als da innen hinaufzuklettern!

Ist eigentlich die ganze Luft verbrannt? Nein nur ein kleiner Teil davon! Gibt es denn noch etwas anderes in unserer normalen Luft, was so durchsichtig und »leer« aussieht und doch etwas ist – allerdings für das Brennen ganz und gar unbrauchbar? Ja, in der Tat. Die Verbrennungsluft, die die Kerze braucht, heißt Sauerstoff. In unserer Luft gibt es aber auch Stickstoff. Der Name ist leicht zu merken, denn Stickstoff erstickt jede Verbrennung.

Wind und Sturm um uns herum bestehen also immer aus Sauerstoff und Stickstoff – sogar aus viel mehr Stickstoff als aus Sauerstoff. In jedem Literglas Luft ist etwas weniger als ein ¾ Liter Stickstoff und nur ¼ Liter Sauerstoff. Und dazu gibt es winzige Mengen ganz anderer Gase, zum Beispiel gerade Kohlendioxid, das bei jeder Verbrennung zusätzlich entsteht. (siehe unser Glossar).

Jetzt zu unserem eigentlichen Problem: Warum macht sich das Wasser überhaupt die Mühe, nach oben zu steigen? Es wird doch, weil es schwer ist, von der Erde angezogen und möchte viel lieber am Boden bleiben. Dann hätte doch die zusammen gezogene Restluft richtig viel Platz und könnte sich wunderbar breit machen. Tut sie aber nicht.

Bis vor etwa 400 Jahren hatten die Menschen darauf eine einfache Antwort: Die Natur hat Angst vor der Leere, vor dem Nichts, oder auch vor weniger Luft (von Stickstoff, Sauerstoff und Kohlendioxid wussten sie noch nichts). Das Glas wird sozusagen immer leerer, aber weil die Natur davor Angst hat, zieht sie eben das Wasser hoch – bevor das Glas zu leer wird. Das sagte schon der große griechische Philosoph Aristoteles vor mehr als 2.000 Jahren.

So etwas kannte man auch von Wasserpumpen, die es so ähnlich heute noch gibt: Ein gut mit Leder abgedichteter Kolben wird in einem Rohr emporgezogen, das im Wasser steckt. Dabei wird das Wasser mit herausgezogen. So konnte man zum Beispiel Wasser aus einem tiefen Bergwerk nach oben pumpen, damit man tief unten im Trockenen nach Kupfer oder Silber schürfen konnte.

So wurde früher das Grundwasser aus einem Bergwerk gepumpt: Eine Pumpe nach der anderen hob das Wasser um mehrere Meter – hier angetrieben durch ein Mühlrad.

Die Erklärung war hier genauso einfach: Zwischen Kolben und Wasser hätte eigentlich ein leerer Raum entstehen müssen, denn das Wasser war schwer und wollte lieber unten im Bergwerk bleiben. Aber die Natur hatte Angst davor und zog das Wasser dem Kolben nach.

So ungefähr vor 350 Jahren untersuchte man das nun mit langen Glasröhren, etwa einen Meter lang, die voll mit Quecksilber befüllt wurden. Im Deutschen Museum findest du übrigens eine Anzahl solcher historischer Quecksilberröhren.

Quecksilber ist ein giftiges Metall, aber das einzige, das bei Zimmertemperatur flüssig ist. Damals hat man es zum Beispiel benutzt, um Spiegelschichten hinter Glas herzustellen.

Quecksilber ist schwer, 13-mal schwerer als Wasser. Wenn man die befüllte Glasröhre mit dem Finger zuhielt, dann umstülpte und in eine Schale mit ebenfalls Quecksilber tauchte und jetzt den Finger wegnahm, was passierte wohl? Das Quecksilber floss nicht etwa vollständig aus. Nein, nur ein kleiner Teil floss in die Schale, der Rest sank nur ein wenig in der Röhre herunter, von einem Meter bis genau 76 cm über der Schale, und blieb dann stehen.

Warum? Weil im geschlossenen Röhrenende durch das heruntersinkende Metall ein leerer Raum entstand. Die Natur hatte Angst davor, dass dieser leere Raum zu groß wurde, und hielt die schwere Quecksilbersäule deshalb genau auf 76 cm Höhe. So glaubte man jedenfalls. Bei einer Ein-Meter-Röhre war also immerhin ein 24 cm langer leerer Raum entstanden. Aber bei einer Zwei-Meter-Röhre sank das Quecksilber ebenfalls auf 76 cm herunter und ließ dann sogar 124 cm leeren Raum zurück. Das war doch seltsam! Warum hatte die Natur in

Bei »normalem« Luftdruck fällt das Quecksilber in jeder Röhre auf 76 cm.

der längeren Röhre weniger Angst vor dem Nichts als in der kurzen und ganz unabhängig davon, ob diese Röhre dick oder dünn war?

Wir nennen übrigens diesen leeren Raum in der Glasröhre nach dem italienischen Physiker, der ihn als Erster untersuchte, Torricelli'sches Vakuum. Vakuum ist lateinisch und heißt »Nichts«.

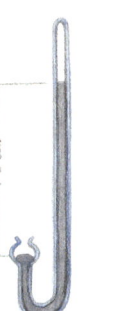

1658 bat der französische Philosoph, Mathematiker und Naturforscher Blaise Pascal seinen Schwager, mit solch einer Quecksilberröhre auf einen nahe gelegenen Berg, die Domspitze, zu steigen. Pascal hatte nämlich eine ganz andere Theorie, warum das Quecksilber in jeder Röhre immer nur auf 76 cm herunterfiel. Doch die verraten wir noch nicht.

Zur Vereinfachung der Prozedur hatte man längst aus der Röhre ein U-Rohr gemacht, das eine Ende war geschlossen: Da stand das Quecksilber stramm 76 cm über dem anderen Ende, das offen war.

Der Schwager sagte nun nicht, mach das doch gefälligst selbst, sondern stieg an einem schönen Wandertag auf die Domspitze, das waren immerhin 1.000 m Höhenunterschied vom Tal bis zur Bergspitze. Und als er oben auf dem Gipfel ankam, sah er, was Pascal natürlich richtig vermutet hatte: Die »Angst der Natur vor dem Nichts« war oben auf dem Berg ein erkleckliches Stück geringer

Messung des Luftdrucks auf einer Bergspitze

als unten im Tal. Die Quecksilbersäule stand nur noch 67 cm hoch, der leere Raum war also größer geworden. Auf der 2.962 m hohen Zugspitze hätte der Schwager nur noch etwa 53 cm Höhe der Quecksilbersäule gemessen und auf dem Mt. Everest, mit seinen 8.844 m der höchste Berg der Erde, nur noch 23 cm.

Zum Ausprobieren

Mit giftigem Quecksilber soll man nicht experimentieren! Du kannst dir aber ein solches U-Rohr aus einem Stück Schlauch biegen. Halte zunächst ein Ende eines geraden Stücks Schlauch mit dem Finger zu und fülle nun den Schlauch voll mit Wasser auf.

Jetzt hebe nur das verschlossene Ende, zusammen mit deinem Finger, hoch und immer höher – das andere, offene Ende, hältst du fest in deiner anderen Hand, bis das Schlauchstück so ähnlich wie das Quecksilber-U-Rohr aussieht.

Das Wasser wird am offenen Ende nicht ausfließen, so hoch du das verschlossene Ende auch hebst. Wehe aber, du lockerst deinen Fingerverschluss. Sofort schießt das meiste Wasser aus der tiefer gelegenen Öffnung heraus.

Zum Tüfteln 15

Wie hoch, meinst du wohl, könnte man das Wasser über das offene Ende der Schlauchs heben? Etwa 76 cm, so wie bei dem Quecksilber-U-Rohr, oder vielleicht mehr als 1 m? Wasser ist leichter als Quecksilber. Lies dazu die nächsten zwei Seiten.

Und weißt du, warum? Das war Pascal natürlich schon vorher klar: Es kann doch nicht sein, dass die Natur mehr Angst im Tal als auf dem Berg hat. Aber was kann sich denn sonst von Tal zu Berg verändert haben?

Wir kennen das heute von hohen Bergen oder von Flügen im Flugzeug: Die Luft wird dünner. Man atmet viel heftiger schon auf einem Gipfel über 3.000 m, um genügend Luft in die Lungen zu bekommen. Und in Flugzeugen, 10.000 m über der Erde, braucht man unbedingt künstlichen Luftdruck in der Kabine, sonst könnte man gar nicht mehr atmen und wäre in null Komma nichts bewusstlos. Und etwa 90 km über der Erdoberfläche beginnt der Weltraum.

Die Luft wird dünner, weil sie in großer Höhe nicht mehr so stark zusammengepresst ist wie im Tal. Luft selbst wird nämlich von der Erde angezogen wie jede andere Masse auch – zwar ein ganzes Stück schwächer als wir, da sie so leicht ist. Und doch wirkt sie durch ihr eigenes

Die Luft um die Erde wird immer dünner, je höher man kommt.

Zum Tüfteln 16

Wenn du einmal die Gelegenheit hast, auf einen hohen Berg zu klettern, dann versuche doch Folgendes: Nimm oben auf der Bergspitze eine leere, leicht zusammendrückbare Plastikflasche, schraube sie auf und dann wieder fest zu und trage sie ins Tal. Was meinst du, was mit der Flasche passiert?

Gewicht wie der Kolben in einer Luftpumpe. Am Erdboden drückt solch ein Luftkolben von 90 km Höhe auf jede Stelle. In 3.000 m Höhe sind es nur noch 87 km Luft, in 10.000 m Höhe nur noch 80 km. Diese 80 km sind aber viel dünnere Luft, da die Luft in der Nähe des Erdbodens durch ihr eigenes Gewicht besonders stark zusammengepresst wird, in 3.000 m Höhe nur noch weniger stark und in 10.000 m schon äußerst schwach. Deshalb ist der Druck der Luft im Tal auf alles, auf Menschen, Pflanzen und Quecksilber höher als auf einem Berg.

Das war es! Deshalb musste auch ein Ende der Quecksilberröhre offen sein: Da drückte die Luft hinein, und zwar so stark (erstaunlich stark, aus dem Grund wollte das wohl niemand vor dieser Zeit glauben), dass 76 cm Quecksilber im anderen Teil der Röhre gegen diesen Luftdruck nicht herunterfallen konnten. Und auf der Domspitze in Frankreich waren es nur noch 67 cm. Solch ein Gerät kann man also als Luftdruckmesser verwenden, als Quecksilberbarometer. 76 cm Quecksilbersäule nannte man früher den Normaldruck.

Jetzt konnte Pascal auch erklären, warum man seit Jahrhunderten die Rohre in Saugpumpen nur höchstens 10 m lang machen konnte. Weiter konnte man mit einem Kolben das Wasser nicht hochziehen. Bei etwa 10 m blieb es im Pumpenrohr stehen. Der Kolben ging leer nach oben, so kräftig man auch ziehen mochte. Wasser ist in der Tat 13-mal leichter als Quecksilber. Deshalb konnte der Luftdruck 13-mal mehr Wasser als Quecksilber das Gleichgewicht halten (13 x 76 cm ergibt etwa 10 m).

Und wie leer ist nun das Torricelli'sche Vakuum im Glas über dem Quecksilber? Irgendwie leerer als Luft muss es schon sein. Denn das Quecksilber ist ja hier ein Stück heruntergefallen, ohne dass Luft von außen hineinkonnte.

Doch bevor wir das untersuchen, stelle ich hier noch ein ganz berühmtes Experiment vor, eine richtige Schau. Durchgeführt hat es ein Zeitgenosse unseres Herrn Pascal. Es war der Bürgermeister von Magdeburg, Otto von Guericke.

Der pumpende Bürgermeister von Magdeburg

Er hatte seine Stadt im schrecklichen Dreißigjährigen Krieg vor mehr als 350 Jahren verteidigt. Trotzdem wurde sie verwüstet. Fast kein Stein blieb auf dem anderen. Aber im Gegensatz zu Archimedes hatte Guericke Glück: Er blieb am Leben. Erst nach dem Krieg hatte er Zeit zu untersuchen, was ihn – und das ist für einen Bürgermeister ungewöhnlich – brennend interessierte: Gibt es einen leeren Raum? Er selbst glaubte fest daran. Er glaubte vor allem an Kopernikus, der 100 Jahre vor ihm behauptet hatte, alle Planeten, auch die Erde, drehen sich um die Sonne. Und weil sie das seit mindestens Tausenden von Jahren taten, musste der Weltraum leer sein. Es konnte keine Luft oder irgendetwas sonst darin geben, sonst wären die Planeten ständig abgebremst worden und würden ganz stillstehen – wie eine Murmel, die wir über den Boden rollen. Sie wird immer langsamer und hält schließlich an, weil der Boden sie bremst.

Für die Planeten wäre das aber viel schlimmer: Sie können nicht einfach stillstehen. Dann ist bei ihnen keine Fliehkraft mehr wirksam, die der Anziehung der Sonne das Gleichgewicht halten könnte. Sie würden von ihr verschluckt werden.

Da es also den leeren Raum im Weltall geben muss, sollte

man ihn auch auf der Erde erzeugen können, meinte Otto von Guericke – nicht nur in so kleinen Portionen wie in der Glasröhre des Herrn Torricelli, sondern zum Beispiel in einem Weinfass. Er erfand nun eine Luftpumpe (so ähnlich wie die damaligen Wasserpumpen) und saugte die Luft aus seinen Fässern.

Aber alle Fässer krachten nach kurzer Zeit mit großem Knall zusammen – die Fassdauben wurden einfach nach innen gedrückt. Otto von Guericke wunderte sich nicht lange über die zerdrückten Fässer – du hoffentlich auch nicht: Der Luftdruck von außen war einfach so stark, wenn innen die Luft weggepumpt wurde, dass er das Fass wie eine Streichholzschachtel (die es damals noch nicht gab) zerdrückte.

Er konstruierte nun, das war sein berühmtester Versuch, eine hohle Kugel aus Metall, zusammengesetzt aus zwei Halbkugelschalen. Diese Kugel und Guerickes Pumpe kannst du noch heute im Deutschen Museum bewun-

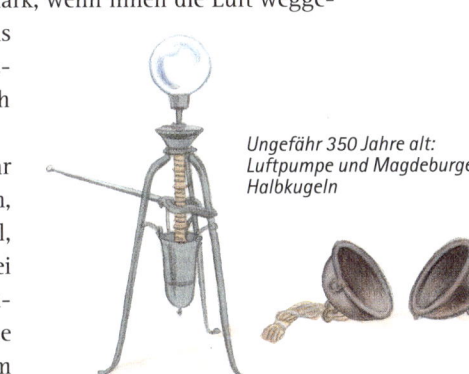

Ungefähr 350 Jahre alt: Luftpumpe und Magdeburger Halbkugeln

dern. Es sind wirklich die Originalgeräte, nicht irgendwelche vom Museum nachgebaute!

Die zwei Halbkugelschalen hat er, mit einem Lederring dazwischen, damit alles schön luftdicht war, zusammengepresst und nun die Luft herausgesaugt, durch ein Ventil an der Seite. Die Metallkugel hielt tatsächlich dem Luftdruck stand. Sie wurde nicht zerdrückt.
Ja, und woran merkte man, dass nun nichts mehr in ihr drin war, keine Luft? Otto von Guericke hatte eine grandiose Idee. Als Bürgermeister verstand er sich darauf, Publikum zu beeindrucken. Er spannte links vor der Kugel Pferde an und rechts noch einmal. Und allen Zuschauern blieb der Mund offen stehen: Diese Pferde schafften es nicht, so sehr man sie auch mit HÜH und HOTT antrieb, die zwei Kugelhälften auseinanderzureißen.
Nun erst glaubte jeder an das Unglaubliche: Die scheinbar so dünne Luft um uns herum ist dafür verantwortlich. Sie presst die zwei Kugelhälften mit einer wahnsinnigen Kraft aufeinander.

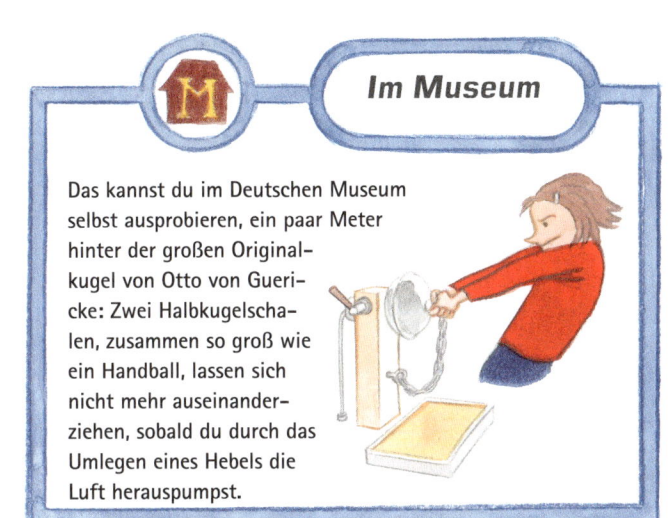

Im Museum

Das kannst du im Deutschen Museum selbst ausprobieren, ein paar Meter hinter der großen Originalkugel von Otto von Guericke: Zwei Halbkugelschalen, zusammen so groß wie ein Handball, lassen sich nicht mehr auseinanderziehen, sobald du durch das Umlegen eines Hebels die Luft herauspumpst.

Und als allen gerade dieses Licht aufgegangen war, drehte Otto von Guericke lässig, fast wie ein Zauberer, am Ventil herum, ließ mit einem Zischen Luft in die Kugel strömen. Sofort fielen die zwei Schalen auseinander, ganz von selbst!

Selbst so viele Pferde konnten die Magdeburger Halbkugeln nicht auseinanderziehen.

Das war – und ist immer noch – ein toller Effekt. Aber Otto von Guericke lag doch in einem Punkt ziemlich falsch: Leeren Raum hat er bei Weitem nicht erzeugt; das heißt, auch keinen Weltraum im Labor, wie er glaubte. Allein das verschlossene Ende der Glasröhre von Torricelli war etwa eine Million mal leerer! Warum? Otto von Guericke hatte ja eine Art Fahrradpumpe erfunden: In einem Rohr zog er einen Kolben hin und her, der mit Leder und Fett abgedichtet war. Das ist aber keine besonders gute Dichtung, übrigens auch der Lederring zwischen den zwei Schalen seiner Kugel nicht. Da kann sich immer noch ein bisschen Luft hineinquetschen. Er konnte von 30 Litern Luft vielleicht nur 27 Liter herauspumpen. Mehr ging nicht mit seiner schlechten Dichtung. Die Quecksilberröhren waren dagegen viel wirksamer. Es gab 76 cm flüssiges Metall, das sich in der Glasröhre dicht an dicht befand. Da konnte sich kaum noch Luft dazwischenmogeln und in die Vakuumecke dringen. Allerdings konnten Luftbläschen vom Einfüllen übrig bleiben. Aber wenn man ganz sorgfältig experimentierte, war die Luft hier etwa eine Million Mal dünner. Dieses Vakuum ist also schon ziemlich klasse! Und warum sind diese Glasröhren nicht durch den Luftdruck zerdrückt worden, so wie Guerickes Fässer? Nun, viel größer war hier der wirksame Luftdruck auch nicht, obwohl das Vakuum so viel besser war. Entscheidend war, dass diese Glasrohre so dünn waren. Wenn von Guericke mit entsprechend kleinen Modellfässchen experimentiert hätte, wären sie auch nicht zerdrückt worden.

Grundprinzip
Es gilt: Kraft = Druck mal Fläche. Bei 100-mal größerer Fläche ist also die zerstörende Kraft des Luftdrucks 100-mal größer.

Heute kann man mit den allerbesten Pumpen das Vakuum noch eine Milliarde mal besser machen als in Quecksilberröhren. Ist dann überhaupt noch irgendein Quäntchen Luft drin? Ihr werdet es nicht glauben, aber die Luftmoleküle sind so klitzeklein, dass immer noch eine ganze Menge, etwa 1000 in solch einem modernen Vakuum von sagen wir 1 cm Länge, Breite und Höhe herumsausen.

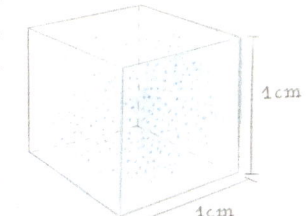

Auch im »besten« Vakuum schwimmen noch 1.000 Luftmoleküle herum.

Wenn wir allerdings einen gleich großen Fingerhut Raum zwischen den Sternen unserer Milchstraße einfangen könnten, würde eventuell nur noch ein einziges kleines Teilchen, sehr wahrscheinlich ein Wasserstoffatom, herumschwirren oder sogar gar keines mehr. Ein Fingerhut Raum um unsere Erde, etwa in der Nähe des Mondes, ist übrigens bei Weitem nicht so leer.

Da wäre Otto von Guericke bei seinen Versuchen doch verzweifelt gewesen, wenn er all das gewusst hätte. Vielleicht hätte es aber auch seinen Stolz nicht weiter geknickt. Immerhin hat er als Erster versucht, leeren Weltraum in Metallkugeln zu bannen.

Außerdem, wenn Otto von Guericke moderne Artikel über Astrophysik lesen würde, könnte er uns entgegnen: Was heißt denn schon ein Teilchen in solch einem Fingerhut von 1 cm Länge, Breite und Höhe? Da schreibt ihr doch seit einiger Zeit, es gäbe »dunkle Materie«, von der niemand weiß, was sie ist und die fast sechsmal häufiger im ganzen Weltall herumschwirrt als eure bekannten Atome und Teilchen. Also auch in diesem kleinen Fingerhut, aus dem Weltall eingefangen, müsste sechsmal mehr von dieser dunklen Materie versteckt sein.

Zu allerletzt: dunkle Materie und dunkle Energie

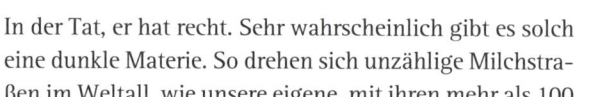

In der Tat, er hat recht. Sehr wahrscheinlich gibt es solch eine dunkle Materie. So drehen sich unzählige Milchstraßen im Weltall, wie unsere eigene, mit ihren mehr als 100 Milliarden Sternen um sich selbst, ähnlich wie Milchkaffee, den wir in einer Tasse umrühren.

Aber die Milchstraßen drehen sich viel zu schnell. Die Anziehungskraft der Milliarden Sonnen reicht nicht aus, die schnelle Drehung zu erklären, so viel man auch herumrechnet. Genauer gesagt, die Sterne in den äußeren Spiralarmen rasen viel zu schnell (auf solch einem äußeren Spiralarm steht auch unsere Sonne und wird mitgerissen).

Deshalb muss um diese Spiralarme Materie versteckt sein, die wir nicht sehen können, die aber die vielen, vielen Sonnen mit herumzieht. Und zwar sechsmal so viel Materie wie alle Milliarden Sterne enthalten!

Weil bis heute niemand weiß, was das ist, nennt man es eben: dunkle Materie.

Die Milchstraße mit ihren Spiralarmen: mehr als 100 Milliarden Sonnen und sechsmal so viel »dunkle Materie«.

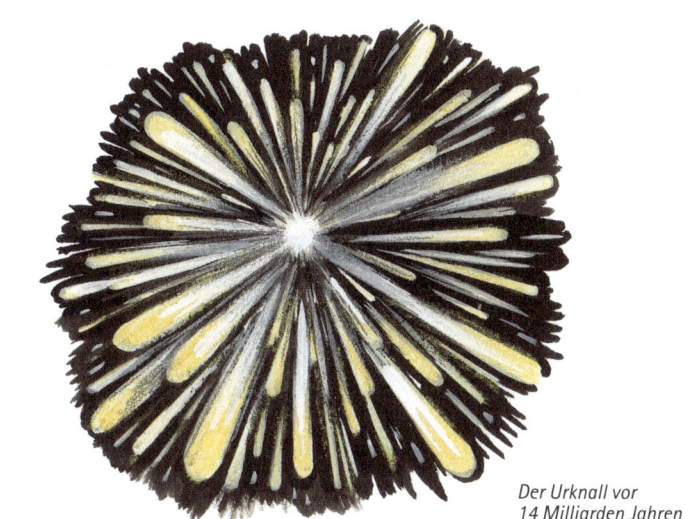

Der Urknall vor 14 Milliarden Jahren

Und noch mehr: Unser Weltall ist ja vor 14 Milliarden Jahren in einem großen Urknall geboren worden. Seitdem fliegt es immer weiter auseinander, wobei sich Sterne und Milchstraßen erst auf dieser langen Explosionsfahrt gebildet haben. Seit ein paar Jahren weiß man allerdings: Das Weltall fliegt heute viel schneller auseinander als noch zu seiner Jugendzeit, so etwa vor acht Milliarden Jahren. Daran soll eine »dunkle Energie« schuld sein. Sie wirkt wie eine Kraft, die alles voneinander abstößt und deshalb immer schneller werden lässt. Aber was das genau ist, wissen wir auch nicht.

Immerhin landen wir damit wieder bei Einstein, zum Beispiel bei seiner berühmten Formel $E = mc^2$, Energie ist gleich Masse mal Lichtgeschwindigkeit mal Lichtgeschwindigkeit.

Dunkle Energie ist danach auch eine Art Masse im Weltall, viel mehr, als die ganze ordinäre Masse um uns herum – und auch mehr als die dunkle Materie. Unsere Bauklötze, Autos, Fernsehtürme, Planeten und Sterne inklusive all ihrer Strahlung machen nur noch einen winzigen Bruchteil unseres Universums aus, nur noch den 25. Teil. Stell dir vor, dein Zimmer zu Hause wäre nur ein kleiner Teil einer riesigen Wohnung, mit noch einmal 24 Zimmern, die du alle gar nicht sehen kannst. Alles außer deinem Zimmer ist vollkommen dunkel. Aber es ist da! Genauso wie Einsteins Raumschienen, die wir nicht sehen können.

Ein wirkliches Vakuum, in dem absolut nichts ist, kann es also gar nicht geben.

Vielleicht brauchen wir einen neuen Einstein, um das alles tiefgreifender zu erklären. Deshalb haben wir auch keine Experimente dazu im Museum. Und deshalb lassen wir es im Dunkel der zukünftigen Physik, was der leere Raum wirklich ist.

In vier Milliarden Jahren, am Ende ihres Lebens, wird sich die Sonne zu einem roten Riesenstern aufblähen und die Erde verbrennen. Spätestens dann ist alle menschliche Wissenschaft zu Ende.

Antworten zu den Tüftelfragen

Antwort 1: Im Mittelpunkt der Kugel. Beim flachen, rechteckigen Pappkarton ist der Schwerpunkt genau in der Kartonmitte.

Schwerpunkt

Antwort 2: Der Schwerpunkt liegt tatsächlich im Freien, zwischen den Beinen und unter der Schnur.

Antwort 3: Beim linken Stab handelt es sich um ein stabiles Gleichgewicht, beim rechten um ein labiles Gleichgewicht.

Antwort 4: Wenn du herausgefunden hast, dass es weder ein labiles noch ein stabiles Gleichgewicht sein kann, da der Stab in jeder beliebigen Lage stehen bleibt, ist das schon großartig. Man nennt es *indifferentes Gleichgewicht*. Hier liegt der Kipp- oder nennen wir ihn besser Drehpunkt genau im Schwerpunkt.

Antwort 5: Der schwerere Freund muss dreimal so nah wie du an der Wippenmitte sitzen.

Antwort 6: Dabei handelt es sich um ein indifferentes Gleichgewicht.

Antwort 7: Keine Hebel sind Brille, Drachen, Bleistift, Computermaus.

Antwort 8: Die Steinplattform des Lastenkrans muss 2.000 kg wiegen.

Antwort 9: Die Spaltkräfte werden größer.

Antwort 10: Der größte Teil des Schnees drückt entlang der Giebeldächer schräg nach unten. Das ist der Hangabtrieb – wie bei einem Auto auf der Bergstraße. Je steiler das Dach ist, desto größer ist dieser erwünschte Hangabtrieb und umso kleiner die Haftkraft des Schnees, die auf das Dach drückt. Der Schnee kann also auch schneller abrutschen. Heute kann man aber so stabile Flachdächer bauen, dass große Schneelasten liegen bleiben können. Doch erinnere ich mich an den Winter 2005/06 in Bayern. Da mussten viele Leute auf ihren Dächern Schnee wegschippen, so viel gab es von der weißen Pracht! Und tatsächlich wurden einige Dachfirste eingeknickt.

Antwort 11: Die Fluggeschwindigkeit addiert sich bei West nach Ost zur Erdrotation. Die Fliehkraft ist größer und somit dein Gewicht kleiner als bei einem Flug von Ost nach West, bei dem die Fluggeschwindigkeit von der Erdrotation abgezogen werden muss.

Antwort 12: Auch der Mond ist schwerelos. Die Erdanziehung ist aufgehoben; aber natürlich wird alles auf dem Mond von diesem angezogen.

Antwort 13:

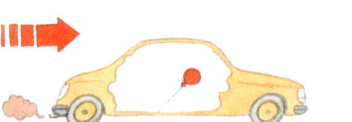

Antwort 14: In der Tat wird der Lichtstrahl doppelt so weit gekrümmt, denn zu seinem Gewicht, das ihn auf die Erde drückt, kommt noch die Trägheitskraft, die entgegengesetzt zu der Zombie-Bewegung, also in die gleiche Richtung wie sein Gewicht wirkt.

Antwort 15: Tatsächlich könntest du einen Zehn-Meter-Schlauch mit Wasser füllen und ebenso hochheben, ohne dass Wasser ausfließt – weil Wasser 13-mal leichter ist als Quecksilber! 76 x 13 = etwa 10 Meter. Deshalb konnten so lange Wasserpumpen – wie du sie im historischen Bild auf Seite 97 siehst – überhaupt pumpen.

Antwort 16: Die Plastikflasche wird im Tal durch den höheren Luftdruck ein Stück zusammengedrückt.

Glossar

Archimedes

Er lebte von etwa 287 bis 212 vor Christus. Wie er bei der Eroberung der Stadt Syrakus ums Leben kam, wissen wir nicht genau. Der griechische Schriftsteller Plutarch erzählt, ein Soldat habe ihm befohlen, zum römischen Feldherrn Marcellus zu kommen. Archimedes wollte aber erst seine Berechnungen fertigstellen. Das erzürnte den Soldat und er stach Archimedes nieder.

Das Hebelgesetz war übrigens schon 100 Jahre vor ihm geometrisch untersucht worden. Aber Archimedes war es, der den exakten mathematischen Beweis erbrachte.

Albert Einstein

Einstein lebte von 1879 bis 1955. In seiner Speziellen Relativitätstheorie erklärt er alle Bewegungen, die mit konstanter Geschwindigkeit ablaufen. Wenn die Geschwindigkeit in die Nähe der Lichtgeschwindigkeit von 300.000 km pro Sekunde kommt, gibt es ganz erstaunliche Folgerungen: zum Beispiel, dass die Zeit sehr viel langsamer vergeht.

In seiner Allgemeinen Relativitätstheorie beschreibt Einstein alle Bewegungen, deren Geschwindigkeit sich ändert, die also beschleunigt oder verzögert ablaufen. Dazu musste er auch Newtons Theorie der Schwerkraft ändern. Einstein ist sicher der berühmteste Physiker seit Isaac Newton.

Erdanziehung im Inneren der Erde

Nehmen wir mal an, wir würden zu einem Planeten reisen, nennen wir ihn Erde 2, den die Bewohner dort mittels gewaltiger Technik im Inneren aushöhlen. Er kreist so weit entfernt um seine Sonne herum, dass es auf seiner Oberfläche bitterkalt ist. Aber im Inneren ist er noch mollig warm, also wollen sie es sich dort gemütlich machen. So glutflüssig wie bei unserer Erde sollte das Innere allerdings nicht sein, das würde den Erde-2-Menschen schlecht bekommen. Den ausgebuddelten Dreck schießen sie ins Weltall. Wenn die Erde-2-Menschen nun nicht viel von Physik verstehen (das ist jedoch unwahrscheinlich bei solch toller Technik), sind sie bass erstaunt, dass sie in ihrer schön um den Mittelpunkt gebuddelten Erdhöhle total schwerelos sind. Alles schwebt herum, ohne Gewicht. Warum denn nun das?

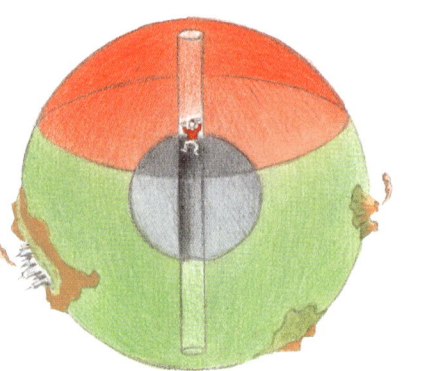

Die Anziehungskraft von »Grün« vor uns und die Bremskraft von »Rot« hinter uns heben sich beim Fall genau auf.

Gehen wir noch einmal zurück zu unserem Traumtunnel. Wenn wir immer tiefer, immer schneller in die Erde fallen, werden wir nur noch von dem Teil der Erde angezogen, der vor uns ist. Der Teil hinter uns zieht uns ja zurück. Er bremst uns. Ihn haben wir in der Zeichnung rot gekennzeichnet. Nun ziehen wir von dem gesamten Rest der Erde vor uns das kugelige Mittelstück, den grau markierten Teil, ab. Was übrig bleibt, ist grün dargestellt. Man kann nun ausrechnen, dass die »Anziehung durch Grün« auf uns genauso groß ist wie die »Bremsung durch Rot«. Du kannst dir das so vorstellen: Rot ist zwar weniger Erde als Grün, aber näher an uns dran, sodass eben gilt: Rot und Grün heben sich gerade auf. Und das stimmt immer, ganz gleich, wo wir im Tunnel gerade sind. Übrig bleibt für die Anziehung auf uns nur noch der kugelige (hier grau markierte) Teil der Erde um ihren Mittelpunkt, den wir bei unserer rasenden Fahrt noch <u>direkt</u> vor uns haben. Ja, und wenn

den unsere Erde-2-Menschen gleichmäßig wegbuddeln, dann gibt es eben überall in der so entstandenen kugeligen Höhle gar keine Erdanziehung mehr!

In unserem Traumtunnel passiert das natürlich nicht. Wir haben ja nicht so viel weggebuddelt. Der (graue) Abstand zum Erdmittelpunkt, der uns noch anzieht, wird kleiner und immer kleiner, je näher wir dem Erdmittelpunkt kommen. Also wird auch die Erdanziehung, die uns beschleunigt, immer geringer. Und nur im genauen Mittelpunkt passiert mit uns das Gleiche wie mit den Erde-2-Menschen in ihrem Hohlraum. Hier sind wir vollkommen schwerelos. Es gibt keine Erdbeschleunigung g mehr.

Wenn wir nicht so schnell hindurchrasen würden, mit 28.500 km/h, sondern uns eine Riesenfaust anhalten könnte, würden wir schwere- und regungslos im Mittelpunkt der Erde herumhängen (falls wir nicht sowieso verglühen würden durch mehr als 4.000 Grad Hitze, die im Erdinneren herrschen!).

Die Erde ist allerdings im innersten Kern viel stärker zusammengepresst als direkt unter unseren Füßen – bis zu viermal mehr. Deshalb nehmen auch ihre Anziehungskraft und damit die Beschleunigung im Traumtunnel nicht gleichmäßig ab. Unsere »Traumergebnisse« bleiben jedoch gleich.

Erdbeschleunigung

Wir haben der Einfachheit halber immer 10 m/s^2 angegeben. Der genauere Wert an der Oberfläche unserer Erde ist $9{,}81 \text{ m/s}^2$.

Erde und Mond

Die *Erde* hat am Äquator einen Durchmesser von 12.757 km.
Von Pol zu Pol beträgt der Durchmesser 12.714 km.
Als durchschnittlichen Durchmesser gibt man immer 12.742 km an.
Der durchschnittliche Radius ist die Hälfte davon: 6.371 km.

Die Masse der **Erde** ist unglaublich groß, ungefähr:
6.000.000.000.000.000.000.000.000 kg.
Das ist eine 6 mit 24 Nullen! Zur Vereinfachung schreibt man 6 x 10^{24} kg (und spricht: 10 hoch 24). Im Taschenrechner lässt man einfach all die Nullen weg – und kalkuliert sie am Ende wieder ein.

Der **Mond** hat einen Durchmesser von 3.476 km.
Seine Masse ist etwa 81-mal kleiner als die der Erde, aber immer noch 74.000.000. 000.000.000.000.000 Kilogramm. Das sind 21 Nullen. Also schreibt man 74 x 10^{21} kg.

Erde und Mond sind durchschnittlich 384.400 km voneinander entfernt. Manchmal sind sie einander etwas näher, manchmal ferner. Der Mond bewegt sich also nicht auf einem exakten Kreis um die Erde – genauso wenig wie die Erde um die Sonne.

So etwa stellte man sich vor 3.500 Jahren vielleicht Erde und Himmel vor.

Erdumfang und Erddurchmesser

Der griechische Geograf und Astronom Eratosthenes hat als Erster eine raffinierte und recht einfache Methode ersonnen, mit der er die ungeheure Größe der Erdkugel bestimmen konnte:
Von seiner Reise in den Süden Ägyptens wusste er, dass dort, in Syene bei Assuan, die Sonne am 21. Juni zur Mittagszeit genau senkrecht in einen tiefen Brunnen schien. Am selben Tag und zur selben Stunde warf aber ein Stab in Alexandria am Mittelmeer einen Schatten mit einem bestimmten Winkel, den man genau messen konnte. Dieser Winkel muss genauso groß sein wie der Winkel am Erdmittelpunkt, da die Sonnenstrahlen alle parallel zueinander auf die Erde fallen.

Der Mittelpunktswinkel entspricht nun der Entfernung von Syene nach Alexandria, genauso wie der Winkel der ganzen Kugel, 360°, dem gesuchten gesamten Umfang der Erde entspricht. Daraus folgt:

Umfang der Erde =

$$\frac{360° \text{ x Entfernung von Syene nach Alexandria}}{\text{Schattenwinkel}}$$

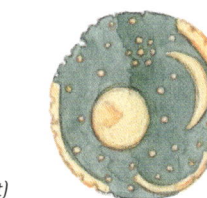

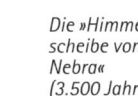

Die »Himmelsscheibe von Nebra« (3.500 Jahre alt)

Mittelpunktswinkel

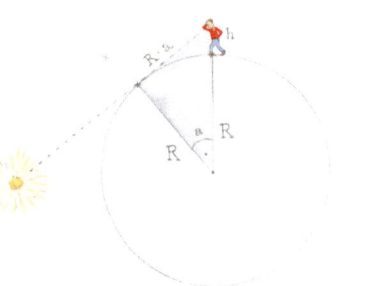

Eratosthenes kannte nun die Entfernung von Syene nach Alexandria (790 km) und maß den Winkel des Schattenstabs in Alexandria sehr genau (7,2°). Daraus berechnete er den Umfang der Erde tatsächlich ziemlich gut mit 40.000 km. Der Erddurchmesser ist demnach:

$$\frac{\text{Erdumfg. } 40.000\,\text{km}}{\text{Kreiszahl } \pi \text{(sprich Pi)}} = \frac{40.000}{3,14} = \text{ca. } 12.740\,\text{km}$$

Unsere Strandmethode ist ein wenig komplizierter zu erklären. Immerhin, auch sie funktioniert mit einfacher Geometrie. Deine Augenhöhe nennen wir h, die Zeit, die du misst, t und den Erdradius R. Du kannst bis zum Horizont ungefähr R x a weit schauen, wenn die Sonnenstrahlen genau geradeaus zu dir kommen. a ist der Winkel am Erdmittelpunkt (weil du ein winziger Zwerg im Vergleich zur Erde bist, tun wir so, als ob die Erde von dir bis zum Horizont flach ist). Nun gilt mit dem Satz des Pythagoras für rechtwinklige Dreiecke, dass die Quadrate über den zwei kurzen Seiten, miteinander addiert, genau das Quadrat

über der langen Seite ergeben (für Quadrat dürfen wir ja »^{2}« schreiben):

$$R^2 + (R \times a)^2 = (h + R)^2$$

Wenn man das alles ausmultipliziert, fällt R^2 auf beiden Seiten weg. h^2 ist sehr klein im Vergleich zu R, das kann man also auch weglassen. So bleibt:

$$R^2 \times a^2 = 2\ R \times h$$

R kann man links und rechts einmal wegkürzen und es bleibt:

$$R \times a^2 = 2\ h$$

Daraus ergibt sich:

$$R = 2\,\frac{h}{a^2}$$

Den Winkel a muss man in die Zeit t umrechnen, die du gemessen hast. Um diesen Winkel hat sich ja die Erde nach deinem Aufstehen weitergedreht:

$$a = \frac{2 \times \text{Kreiszahl}\pi \times t}{24 \times 3.600}$$

(Zweimal Kreiszahl π entspricht dem Winkel 360° während einer Erddrehung in 24 Stunden; die Stunden müssen wir noch mit 24 x 3.600 in Sekunden umrechnen.)

Das ergibt für den Erdradius R in Metern:

$$R = \text{ungefähr } \frac{380.000.000 \times h}{t^2}$$

Der Durchmesser D der Erde ist doppelt so groß, rechnen wir ihn gleich in Kilometer um:

$$D = \frac{2 \times 380.000 \times h}{t^2} = \frac{760.000 \times h}{t^2}$$

Wenn du deine Augenhöhe h zu 1,52 m gemessen hast und die Zeit t zu 9,5 Sekunden, würdest du damit für den Erddurchmesser rund 12.800 km erhalten. So gut wird deine Messung aber garantiert nicht funktionieren. Am schwierigsten ist es, genau den letzten Sonnenstrahl abzupassen. Außerdem werden die Sonnenstrahlen am Abend, weil sie einen langen Weg durch die Erdatmosphäre zurücklegen müssen, von ihrem geraden Weg stärker abgeknickt. Deshalb sieht auch die Sonne bei Sonnenuntergang etwas zusammengequetscht aus und nicht mehr kreisrund. Die Lichtstrahlen vom unteren Rand der Sonne werden nämlich stärker abgeknickt, da ihr Weg durch die Lufthülle länger ist.
Und warum leuchtet dann die Sonne so richtig rot und nicht mehr gelbweiß? Auch das hat mit dem längeren Weg durch die Luft am Abend oder am Morgen zu tun. Dann wird aus dem Sonnenlicht viel mehr blaues Licht nach allen Seiten weg gestreut. Das gelbrote Licht überwiegt nun und wir sehen die Sonne rot. Den ganzen Tag über wird auch ein Teil des blauen Sonnenlichts in die Luft gestreut und macht den Himmel blau! Stell dir vor, es wäre umgekehrt: Dann hätten wir die meiste Zeit über einen roten Himmel!

Die Fliehkraft

Sie ist eigentlich keine echte Kraft wie unsere Muskelkraft. Wieso das? Dazu schauen wir uns noch einmal unseren Modellmotorradfahrer im Museum an. Kein Gegenstand macht eine Kreisbewegung freiwillig mit. Er möchte entweder in Ruhe bleiben oder sich immer schön konstant geradeaus bewegen. Das hat Isaac Newton als Erster herausgefunden. Auch unser Modellmotorradfahrer, den wir so plötzlich in Drehung versetzt haben, möchte eigentlich geradeaus – weg von unserer Drehscheibe – fahren:

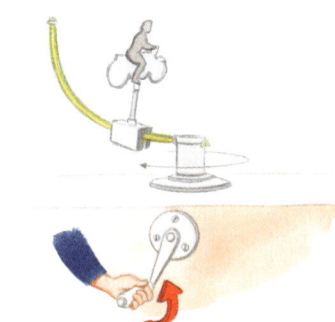

Er kann es aber nicht. Wenn er es könnte, würde er es sofort tun, so wie beispielsweise die Funken, die von einem sich drehenden Schleifstein wegstieben, an dem gerade gearbeitet wird. Die Funken kreisen auch nicht weiter mit dem Stein, sondern fliegen schön geradeaus fort. Aber jetzt kommt es: Wenn wir auf dem Schleifstein sitzen würden und die Funken von dort aus betrachten könnten, sähen wir sie anfangs senkrecht von uns

FUNKEN

MESSER

SCHLEIFSTEIN

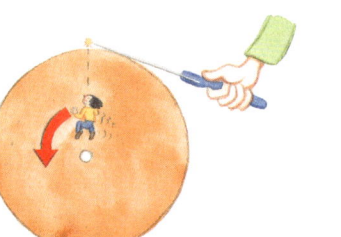

EIN FUNKE ENTSTEHT

und dem Schleifstein wegstieben, als gäbe es eine Schiene, senkrecht vom Schleifstein und von uns weg, die die Funken nach außen reißt, genau wie die Schiene des Motorradfahrers im Museum.

Und nur wenn wir uns mit dem Schleifstein weiterdrehen (oder wenn wir uns in die Schiene des Motorradfahrers hineindenken), sehen wir das so. Deshalb sagen wir, da muss es eine Kraft geben, die sie senkrecht wegreißt, eben die Fliehkraft. In Wirklichkeit wollen die Funken aber einfach nur weiter geradeaus fliegen, von der Stelle aus, an der sie gerade losgerubbelt wurden. Die Fliehkraft ist also nur eine Täuschung. Der Physiker nennt diese Kraft eine Scheinkraft. Wir glauben nur dann, dass es sie gibt, wenn wir uns irgendwie mitbewegen! (Bei Einstein ist ja sogar die Schwerkraft eine Täuschung.)
Unsere Zeichnung zeigt übrigens nur den Anfang der Drehung, so lange die entstehenden Funken von der Scheibe noch mitgerissen werden. Danach stieben sie völlig unabhängig einfach geradeaus weiter.

Die Formeln für diese Fliehkraft hat der

Nach 1 Hundertstel Sekunden

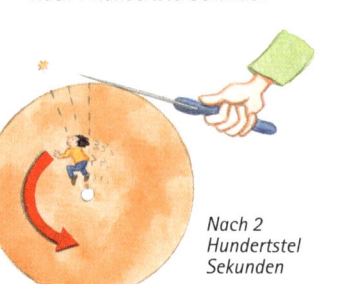

Nach 2 Hundertstel Sekunden

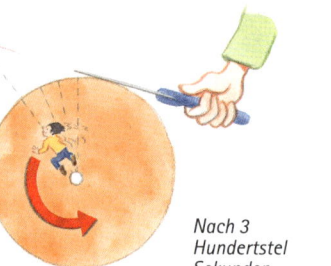

Nach 3 Hundertstel Sekunden

holländische Physiker Christiaan Huygens (sprich: Heugens) so um die Zeit von Newton vor mehr als 300 Jahren herausgefunden:

Fliehkraft F = Masse M mal Geschwindigkeit v mal Geschwindigkeit v geteilt durch den Radius R der Drehung

In mathematischer Sprache:

$$F = \frac{M \times v^2}{R}$$

Für v mal v schreibt man also kurz v^2 und spricht das »v hoch 2« oder auch »v Quadrat«.

Nach Newton gilt nun:

Kraft F = Masse M mal Beschleunigung a

In mathematischer Sprache:

$$F = M \times a$$

Setzen wir das für die Fliehkraft oben ein, kürzt sich die Masse weg und es folgt:

Fliehbeschleunigung a = Geschwindigkeit v mal Geschwindigkeit v geteilt durch den Radius R der Drehung

In mathematischer Sprache:

$$a = \frac{v^2}{R}$$

Beispiel: Wie groß ist die Fliehbeschleunigung am Äquator?
Die Geschwindigkeit des Äquators erhalten wir, wenn wir 40.000 km durch 24 Stunden teilen. Das ergibt 1.670 km/h = 463 m/s.

Diese Geschwindigkeit und den Erdradius setzen wir in die Gleichung ein und

erhalten für die Fliehbeschleunigung a am Äquator:

$$a(\text{Äquator}) = \frac{463\,\frac{m}{s} \times 463\,\frac{m}{s}}{6.371.000\,m} = 0,034\,\frac{m}{s^2}$$

($\frac{m}{s^2}$ = Meter pro Sekundenquadrat)

Die Erdbeschleunigung g, die unser Gewicht bestimmt, ist $9.81\,m/s^2$, also fast 300-mal größer als die Fliehbeschleunigung am Äquator.

Um wie viel bist du bei einem Flug von Südamerika nach Afrika leichter als in umgekehrter Richtung?
Die Fliehbeschleunigung am Äquator haben wir schon ausgerechnet (siehe Fliehkraft):
Sie ist $0,034\,m/s^2$.

Sie ist rund 300-mal kleiner (genauer: 290 mal) als die Erdbeschleunigung von $9,81\,m/s^2$. Um 1/300 sind wir also im tiefen Afrika leichter als am Nordpol, nur weil die Erde sich dreht (wir sind sogar noch etwas leichter, weil die Erde am Äquator dicker ist als von Pol zu Pol). Wenn wir jetzt annehmen, ein Flugzeug ist halb so schnell wie der Äquator, also etwa 835 km/h, dann kannst du ausrechnen, dass du bei einer Reise von Westen nach Osten 2/300 leichter wirst als in die umgekehrte Richtung. Wenn du zu Hause 50 kg wiegst, macht das immerhin etwas mehr als 330 g aus.

Galileo Galilei
Der italienische Physiker und Astronom lebte von 1564 bis 1642 und wurde berühmt, weil er entdeckte, nach welchem

Gesetz Kugeln oder Steine immer schneller werden, wenn sie zur Erde fallen. Berühmt wurde er auch durch seinen Konflikt mit dem Papst. Er hatte ein damals ketzerisches Buch veröffentlicht. Darin glaubte Galilei, die Behauptung von Kopernikus bewiesen zu haben, dass die Erde zwei Bewegungen ausführt: in 24 Stunden um sich selbst und in einem Jahr um die Sonne. Nun musste er widerrufen und wurde zu lebenslangem Hausarrest verurteilt. Damit hatte er noch Glück gehabt.

Ein astronomisches Messgerät, der Astrolab, aus der Zeit Galileis

Gewicht und Masse

Mit jeder Badezimmerwaage misst du die Anziehungskraft der Erde auf dich. Das ist dein Gewicht. Auf der Waage steht zum Beispiel 50 kg. Doch eigentlich ist das falsch. Denn diese 50 kg bezeichnen im Grunde nicht dein Gewicht, sondern deine Masse und deine Masse ist überall im Weltall gleich – auch auf dem Mond. Auf dem Mond aber würde deine Badezimmerwaage nur noch 1/6 anzeigen, also etwas mehr als 8 kg. Statt Kilogramm müsste die Waage dann ei-

gentlich etwas anderes anzeigen, eben die ganz spezielle Anziehungskraft jedes Himmelskörpers.

Die Anziehungskraft jedes Himmelskörpers auf dich, das heißt dein Gewicht auf diesem Himmelskörper, erhältst du mit:

Kraft F = Masse M mal Beschleunigung a

Auf der Erde ergibt das

Gewichtskraft $F = 50 \text{ kg} \times 9{,}81 \text{m/s}^2$
$= \text{ungefähr } 500 \text{ Newton}$

So nennt man zu Ehren von Isaac Newton diese Anziehungskraft. Du wiegst also auf der Erde 500 Newton. Und das müsste eigentlich auch auf der Waage stehen. Auf dem Mond würde sie dann etwas mehr als 80 Newton anzeigen. Da wir uns aber selten auf dem Mond wiegen und genauso wenig ein Kilogramm Kartoffeln oder Karotten auf dem Mond oder Mars, hat man auf unseren Waagen alles bei Kilogramm (oder Pfund z. B. in England) gelassen. Und letztendlich essen wir ja in der Tat die Menge der Atome unseres irdischen Kilogramms Karotten und nicht die Anziehungskraft der Erde auf die Karotten.

Lichtstrahlen in Einsteins Fahrstuhl

Wenn der Fahrstuhl mit konstanter Geschwindigkeit von unseren Zombies hochgezogen wird, macht der Lichtstrahl unserer Laser-Taschenlampe eine gerade Linie zu dem tieferen Punkt an der Wand gegenüber. Nur wenn die Zombies den Fahrstuhl immer schneller hochreißen, also beschleunigen, gibt das eine gekrümmte Bahn des Lichtstrahls, die dann täuschend ähnlich der Krümmung aussieht, die ein Planet unter dem stehenden Fahrstuhl auf die Lichtstrahlen ausübt. Und noch etwas muss man annehmen, sonst macht der Lichtstrahl bei unserem Zombie-Experiment nicht richtig mit. Das hat Einstein gleich am Anfang seiner (Speziellen) Relativitätstheorie berücksichtigt: Das Licht hat immer und überall im leeren Raum die gleiche Geschwindigkeit von 300.000 km pro Sekunde. Es bekommt also nicht zusätzlich noch die Geschwindigkeit von einem Fahrstuhl oder von sonst etwas mit. Man könnte ja schließlich meinen, da die Taschenlampe mit dem Fahrstuhl hochgerissen würde, dass eigentlich auch das Licht mitmachen müsste, also mit hochgerissen würde und nie und nimmer ein Stück niedriger auf der Gegenwand ankommen könnte. Aber Licht wird eben nicht mitgerissen, sagt Einstein. Es bleibt bei seinen 300.000 km pro Sekunde (ist ja schon wahnsinnig schnell genug! Etwas Schnelleres gibt es

nicht im ganzen Universum). Und deshalb kommt es ein klitzekleines Stück weiter unten an – wenn die Zombies schnell genug beschleunigen.

Lichtstrahlen und Satellitennavigation
Einstein sagte in seiner Theorie der Schwerkraft, der Allgemeinen Relativitätstheorie, 1915 voraus, dass Lichtstrahlen, die ganz nah an der Sonne vorbeilaufen, stärker gekrümmt werden als solche, die weiter davon entfernt sind. Und er sagte auch voraus, dass Lichtstrahlen, die direkt aus der Sonne kommen, ihre Farbe ein klein wenig verändern. Statt Farbe sagt man auch Wellenlänge. Und weil Radiowellen so etwas Ähnliches sind wie Licht, gilt das auch für sie. Die Sonne schickt in der Tat auch Radiowellen aus. Radio- oder Funkwellen, die von unserer Erde ausgehen oder aus Satelliten auf sie herunterprasseln, verändern sich ebenfalls nach Einstein, nur sehr viel schwächer.

Die Funkwellen der Satelliten brauchen wir zum Beispiel, wenn wir mit unserem Autonavigationssystem in einer fremden Stadt herumfahren. Wir tippen dann ein: »Bremer Straße 24«, und schon checkt das Navigationssystem mit den Funkwellen der Satelliten ab, wo wir uns gerade befinden und wie wir zur Bremer Straße kommen. Da die Funkwellen der Satelliten, die aus etwa 20.000 km Höhe zur Erde kommen, durch den unterschiedlich gekrümmten Raum da oben und hier unten bei uns, ein klein wenig verändert sind, muss man sie korrigieren, sonst werden wir falsch geführt. Würde man sie nicht korrigieren, wäre jede Messung schon nach einer Stunde um 500 m falsch. Einsteins Allgemeine Relativitätstheorie ist also in der Tat auch bis in unser Auto gelangt.

Übrigens müssen wir auch seine Spezielle Relativitätstheorie einberechnen, die sich mit konstanten Geschwindigkeiten befasst (und Satelliten haben schon recht hohe Geschwindigkeiten).

Woraus besteht <u>Luft</u>?
Trockene Luft besteht aus
78 % Stickstoff
21 % Sauerstoff
0,9 % Argon (das ist ein Edelgas)
0,03 % Kohlendioxid,
ferner aus Spuren von anderen Gasen wie den Edelgasen Helium und Neon sowie aus Wasserstoff und Ozon.

<u>Museum</u>
Das Deutsche Museum in München gehört zu den vier bis fünf größten wissenschaftlich-technischen Museen der Welt. Jeden Tag von 9 bis 17 Uhr kannst du Hunderte von Experimenten durchführen und mehr als 20.000 Instrumente, Maschinen, Autos, Eisenbahnen und Flugzeuge bestaunen. Fast alle Experimente dieses Buches findest du in der Ausstellung Physik. Du kannst dort mehr als 300-mal Hebel und Knöpfe drücken, Kurbeln drehen, Glaslinsen verschieben, Magnete bewegen, elektrische Schalter drücken und vieles mehr.

<u>Isaac Newton</u>
Der englische Physiker lebte von 1643 bis 1727. Besonders berühmt ist seine Annahme, dass in jedem Körper, ob

Stein oder Planet, eine Kraft sitzt: die Schwerkraft oder Gravitation. Deshalb ziehen alle Körper einander an.

<u>Newtons Gesetz</u> der Schwerkraft oder Gravitation
Es lautet:
Anziehungskraft F zwischen 2 Massen M = Gravitationskonstante G mal Masse 1 mal Masse 2 geteilt durch das Quadrat des Abstandes R

oder

$$F = G \times \frac{M_1 \times M_2}{R^2}$$

Wenn man die Massen in kg angibt und die Entfernung in m, erhält man die Kraft in »Newton«. Da die Gravitationskonstante eine winzig kleine Zahl ist (6,7 geteilt durch 100 Milliarden!), ist diese Schwerkraft so klein, dass zwei Menschen, die, sagen wir, jeder 100 kg wiegen und 1 m entfernt voneinander stehen, nicht spüren, dass sie sich auch gegenseitig anziehen. Das berechnen wir nun ganz leicht:

$$F = G \times \frac{100 \times 100}{1 \times 1} = \frac{6,7}{10 \text{ Millionen}} \text{ Newton}$$

Das ist eine superwinzige Kraft.
Wenn aber nur eine der Massen ungeheuer groß ist, wie etwa bei Erde oder Mond (siehe unter »Erde und Mond«), sieht das ganz anders aus. Dann ergibt sich für einen Menschen von 100 kg auf der Erdoberfläche:

$$F = G \times \frac{100 \times 6 \times 10^{24} \text{ kg}}{(6.371.000 \text{m})^2} =$$
ungefähr 1.000 Newton.

Das haben wir schon einfacher ausgerechnet (s. Gewicht und Masse). Die Erdanziehungskraft auf einen Menschen ist ja genau sein Gewicht. Das heißt:

Gewichtskraft = Masse mal Erdbeschleunigung =

100 kg x 9,81 m/s² = ungefähr 1000 Newton

Wenn du nicht auf der Erde, sondern auf einem anderen Himmelskörper als Mond oder Planet stehst, gilt auch dort:

Gewichtskraft an der Oberfläche jedes Himmelskörpers = Masse x Beschleunigung dort

oder (wenn wir den Erdmond wählen)

$$F = M \times a_{Mond}$$

Es gilt aber auch das Gesetz der Schwerkraft, das kennen wir schon:

$$F = G \times \frac{M_1 \times M_2}{R^2}$$

Deine Masse nennen wir M_1, also können wir auch schreiben:

$$M_1 \times a_{Mond} = G \times \frac{M_1 \times M_{Mond}}{R^2}$$

Deine Masse M_1 kürzt sich weg (deshalb fallen also alle Körper gleich schnell herunter, ihre Masse spielt gar keine Rolle!) und es bleibt nur die Masse des Mondes M_{Mond}:

$$a_{Mond} = G \times \frac{M_{Mond}}{R^2}$$

Die Masse des Mondes ist 74 (inklusive 21 Nullen) kg, der Radius 1.738.000 m. Also ergibt sich für die Mondbeschleunigung

$$a_{Mond} = \frac{6,7}{10^{11}} \times \frac{74 \times 10^{21}}{(1.738.000)^2} \frac{m}{s^2}$$

Damit sich die vielen Nullen wegkürzen – sonst streikt dein Taschenrechner – formen wir etwas um:

$$a_{Mond} = \frac{6,7 \times 74 \times 10^{21}}{10^{11} \times 17,38^2 \times 10^{10}} \frac{m}{s^2}$$

Nun steht oben eine 1 mit 21 Nullen und unten ergeben die 1 mit 11 Nullen und die 1 mit 10 Nullen genauso viel wie oben. Wir kürzen das also weg. Für deinen erleichtert aufatmenden Taschenrechner bleibt:

$$a_{Mond} = \frac{6,7 \times 74}{17,38^2} \frac{m}{s^2} = ca. 1,6 \frac{m}{s^2}$$

Damit weißt du nun z. B., um wie viel höher du auf dem Mond springen kannst.

1,6 m/s² ist etwa sechsmal kleiner als die Erdbeschleunigung von 9,81 m/s². Du bist also sechsmal leichter als auf der Erde und kannst statt, sagen wir, 1,5 m auf der Erde, auf dem Mond sechsmal so hoch springen. Das wären grandiose 9 m.

Der Mars ist etwa elfmal leichter als die Erde und nur halb so groß. Das ergibt für die Marsbeschleunigung $\frac{2^2}{11}$ der Erde, also mehr als 3,6 m/s². Du kannst also immerhin noch fast dreimal so hoch oder weit springen wie auf der Erde.

Schwerkraft = Beschleunigung
Wie Einstein sich an seine geniale Idee erinnerte:
»Es war 1907, als mir der glücklichste Gedanke meines Lebens kam. Ich saß auf meinem Stuhl im Patentamt in Bern und hatte plötzlich einen Einfall: Wenn eine Person frei herunterfällt, wird sie ihr eigenes Gewicht nicht spüren. Ich war verblüfft. Dieses einfache Gedankenexperiment machte auf mich einen tiefen Eindruck. Es führte mich zu meiner Theorie der Schwerkraft.«
So ähnlich hat sich Einstein an diese tolle Idee erinnert, einige Jahre nachdem er seine berühmte Allgemeine Relativitätstheorie aufgestellt hatte.
Er hat auch von Kästen geschrieben, in denen Physiker sitzen und beschleunigt hochgezogen werden. Zombies hat er nicht erwähnt, die habe ich dazuerfunden.
Wenn Einstein heute lebte, hätte er sicher großen Spaß, solch einen freien Fall auf den Kirmesfalltürmen selbst auszuprobieren.

Fahrstuhl und Traumtunnel: Warum spüren wir gar nichts?
Sobald wir mit unserem Fahrstuhl in den Tunnel fallen, passiert das Gleiche wie auf dem Kirmesfallturm. Unsere Trägheit, die sich gegen die Beschleunigung wehrt, hebt genau die Erdbeschleunigung auf, die uns nach unten zieht. Das gilt auch für unseren Rucksack, den wir vielleicht tragen, oder einen Stein in der Hosentasche. Alles wird scheinbar schwerelos. Im Mittelpunkt der Erde gibt es gar keine Beschleunigung mehr und keine Erdanziehung, da sind wir sowieso schwerelos. Kurz hinter dem Mittelpunkt versucht uns die Erde, wieder zurückzuziehen, wir wehren uns aber erneut genauso stark mit unserer Trägheit dagegen. Wieder hebt sich alles auf, wir spüren nichts. Und wie ist es, wenn wir am Tunnelende in Neuseeland umkehren? Da müssten wir doch etwas spüren. Gibt es keinen Ruck? Nein! Wir werden ja immer langsamer, immer langsamer. Am Tunnelende stehen wir für einen Augenblick still, nur für einen Augenblick, und ebenso langsam werden wir zunächst wieder in den Tunnel gezogen. Wir können davon nichts merken, wenn wir kein Fenster zum Hinausschauen haben. Halt, genauso gilt das nur für einen Tunnel zwischen Nord- und Südpol. Warum? Dazu mehr bei »Warum stößt du bei deinem Flug durch den Traumtunnel an den Wänden an?«

Warum stößt du bei deinem Flug durch den Traumtunnel an den Wänden an?

Bohren wir unseren Tunnel z. B. am Äquator durch die Erde, dann übernimmst du zusätzlich zu deiner wahnsinnig schnell zunehmenden Fallgeschwindigkeit auch noch die Drehgeschwindigkeit des Äquators selbst mit, also ca. 1.670 km/h. Zwar merkst du auf den ersten Metern noch nichts davon, denn die ganze Erde dreht sich auch im Tunnel mit dir zusammen herum. Je tiefer du aber in den Tunnel fällst, desto geringer ist dort die Drehgeschwindigkeit der Erde. Bist du z. B. schon 3 km gefallen, hat dort das Innere der Erde nur noch etwa 40.068 km Umfang statt 40.077 wie am Äquator (das ist der ganz exakte Wert). Also ist hier im Inneren die Drehgeschwindigkeit 40.068 geteilt durch 24 Stunden = 1.669,5 km/h. Du selbst hast aber die Geschwindigkeit des Äquators von knapp 1.670 km/h beibehalten. Dieser Unterschied lässt dich im Tunnel seitwärts treiben und ziemlich schnell gegen die Wände platschen. Nach einigen Kilometern Fallen wärst du jedenfalls längst schon ziemlich angeschlagen (im wahrsten Sinne des Wortes). Man nennt diese

Art Scheinkraft, die dich gegen die Wände krachen lässt, die Coriolis-Kraft.

Es gibt aber einen Tunnel durch die Erde, bei dem das nicht passiert. Welcher könnte das sein? Bei einem unserer kürzeren Tunnels, etwa von Spanien nach Brasilien, jedenfalls nicht. Da kommt solch eine Seitendrift natürlich dazu. Wenn du aber genau vom Nordpol zum Südpol durch die Erde fällst oder umgekehrt? Dann klappt das ganz elegant, ohne Anstoßen. An den Polen der Erde drehst du dich nämlich, mit dem jeweiligen Pol, in 24 Stunden nur einmal um dich selbst.

Wie schnell wirst du bei deinem Traumtunnelflug nach Neuseeland? Zwar wird die Erdbeschleunigung g immer geringer, je näher du an den Erdmittelpunkt kommst. Dort ist sie sogar null. Im Durchschnitt darf man aber sagen: Die gleiche hohe Endgeschwindigkeit, die du im Erdmittelpunkt erreichst, würdest du auch gewinnen, wenn du mit der halben Erdbeschleunigung konstant durch unseren Tunnel rast. Dazu gibt es eine andere Formel von Galilei:

Geschwindigkeit v x *Geschwindigkeit v =* 2 x *Erdbeschleunigung g* x *Weg s* oder

$$v^2 = 2 \times g \times h$$

Jetzt setzen wir aber nur die halbe Erdbeschleunigung g an und als Weg den Erdradius in Metern. Dann erhalten wir:

$$v^2 = 9{,}81 \times 6.371.000 \text{ m}^2/\text{s}^2$$

Wir suchen nun einen Wert der Geschwindigkeit, der mit sich selbst multipliziert

9,81 x 6.371.000 m^2/s^2 ergibt.

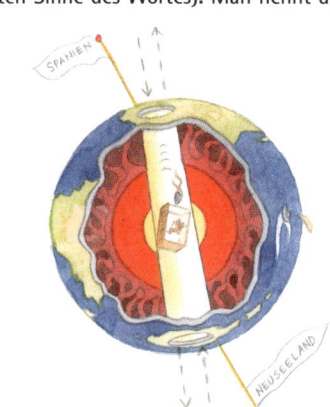

Das nennt man Wurzelziehen und schreibt sich so:

Geschwindigkeit v =
$\sqrt{9{,}81 \times 6.371.000}$ m/s
Der Taschenrechner liefert uns nun mit dieser Wurzeltaste $\sqrt{\ }$ die Geschwindigkeit zu rund 7.900 m/s. Das sind 28.500 km/h.

Diese Geschwindigkeit ist übrigens etwas ganz Besonderes. Wenn wir eine Kanone oder eine Abschussrampe für Raketen auf der Erdoberfläche genau waagerecht aufstellen und unser Geschoss mit 28.500 km/h losfeuern könnten, flöge es immer haarscharf um die Erde herum, mit dieser gleich bleibenden Geschwindigkeit. Vorausgesetzt allerdings, es gäbe keine Luftreibung und keine Berge, gegen die es prallen würde. Also ist das auch eine Traumidee. Man nennt diese Geschwindigkeit, bei der man mit einem Schuss um die ganze Erde herumkäme: erste kosmische Geschwindigkeit. Bei jeder kleineren Geschwindigkeit würde das Geschoss (auch ohne Luft und Berge) irgendwann in die Erde rammen oder in einen Ozean klatschen.

Wenn es eine erste kosmische Geschwindigkeit gibt, muss es mindestens auch eine zweite geben. Tut es auch. Die zweite kosmische Geschwindigkeit ist 40.300 km/h groß. Erst bei dieser Geschwindigkeit würde unser Geschoss oder eine Rakete auf Nimmerwiedersehen von der Erde verschwinden.

Und wie ist das mit dem Erdtrabanten, dem Mond? Eine Theorie zu seiner Entstehung besagt, dass ein Teil von ihm bei einem gewaltigen Weltraumcrash aus der Erde herausgeschlagen wurde. Falls das stimmt, muss die Geschwindigkeit beim Herausschlagen also größer als die erste, aber kleiner als die zweite kosmische Geschwindigkeit gewesen sein.

Wie lange brauchst du für deine Traumtunnelfahrt nach Neuseeland? Warum ist eigentlich deine maximale Geschwindigkeit im Traumtunnel genauso groß wie die erste kosmische Geschwindigkeit, die beispielsweise ein Satellit haben muss, der scharf über unseren Köpfen hinweg um die Erde kreisen würde?

Dein Fall durch die Erde ist ja wie ein tolles Bungeeseil-Vergnügen, nur ohne Seil. Du schwingst von Spanien aus nach Neuseeland und wieder zurück und wieder nach Neuseeland und so weiter.

Jetzt binde mal eine kleine Taschenlampe an eine Schnur und schwenke sie im dunklen Zimmer im Kreis herum. Eine Freundin, die das (ganz wichtig!) *von der Seite aus* betrachtet, denkt dann, da schwingt ein Lichtpunkt auf und ab, als würde er an einem Gummizug auf- und niedergezogen.

Und genau in der Mitte dieser scheinbaren Schwingung, und nur dort, scheint dieser Lichtpunkt für deine Freundin genauso schnell zu sein, wie deine Taschenlampe tatsächlich um den Körper herumsaust. Dieses scheinbare Auf- und Abschwingen für deine Freundin und dein Herumkreisen der Taschenlampe sind offenbar ein und dasselbe. Es hängt nur davon ab, von welcher Seite man es betrachtet. Der Physiker nennt das eine harmonische Schwingung oder lateinisch: einen harmonischen Oszillator. Wenn ich eine Gitarrensaite anzupfe, schwingt sie genauso auf und ab. Das hören wir als Ton. Ein schwingendes Uhrenpendel oder ein auf- und abwippendes Gewicht an einer Feder sind auch solche Oszillatoren. Man kann sie also alle mit einer einfachen Kreisbewegung erklären. Alle bewegen sich genauso, wie der Lichtpunkt der Taschenlampe, die du im Kreis herumschwingst und die deine Freundin nur von der Seite anschauen soll.

Deshalb hast du im Erdmittelpunkt, und nur dort, die gleiche Geschwindigkeit, als würdest du mit einem Satelliten dicht um die Erdoberfläche entlangschießen.

Und jetzt können wir auch die Zeit für deine Traumtunnelreise ganz einfach ausrechnen. Der Satellit braucht für eine halbe Erdumrundung (vom Startpunkt bis genau auf die andere Seite der Erde) die gleiche Zeit wie du durch die ganze

Erde hindurch – wenn unsere Theorien und das Taschenlampenexperiment stimmen.

Geschwindigkeit des Satelliten v = Weg s geteilt durch die Zeit t oder

$$v = \frac{s}{t}$$

Diese Formel dürfen wir nur dann benutzen, wenn die Geschwindigkeit immer gleich bleibt.

Daraus folgt:

Zeit t = Weg s um die halbe Erde geteilt durch die Geschwindigkeit v des Satelliten

$$t = \frac{\frac{1}{2} \times 40.000}{28.500} h = 0{,}7 \text{ Std. oder } \textit{42 Min.}$$

Übrigens: Auch im Traumsatelliten, der dicht um die Erde herumrast, bist du schwerelos, wie auf jedem Satelliten überhaupt – und wie in unserem Traumtunnel, zumindest in dem von Pol zu Pol.

Noch etwas sehr Überraschendes: Wenn wir uns ein Uhrenpendel träumen, das so lang wie der Erdradius wäre, also mehr als 6.300 km, dann würde es beim Schwingen von einer Seite zur anderen auch genau unsere 42 Minuten brauchen, selbst wenn wir es nur, sagen wir, eine Handbreite schmal schwingen lassen.

Und warum bleibt diese Zeit bei einem Tunnel von Spanien nach Brasilien oder Deutschland nach Norwegen gleich, obwohl diese Tunnels doch viel kürzer sind? Das hat auch Galilei als Erster ausgerechnet.

Im Museum

Im Deutschen Museum haben wir sogar ein Experiment dazu, gleich neben Galileis rekonstruiertem Arbeitsraum. An einer Scheibe entlang kann man drei Kugeln durch drei durchsichtige Röhren drei unterschiedlich lange Wege fallen lassen. Und jedes Mal sind sie gleich schnell. Am einfachsten kontrolliert man das mit zwei Kugeln. Wirft man je eine Kugel gleichzeitig oben bei 1 und 2 ein, hört man das »Klack« beim Auftreffen bei 3 und 4 zur gleichen Zeit. Das gilt genauso, wenn man jeweils eine Kugel bei 3 und 1 einwirft. Zwar ist beim senkrechten Fall die Beschleunigung am stärksten, nämlich = g, dafür aber der Weg am längsten. Von 3 nach 4 ist der Weg am kürzesten, aber die Bahn ist so flach, dass die Kugel viel geringer beschleunigt wird.

Das Gleiche wie beim Museumsexperiment gilt auch beim Fall durch Traumtunnels nach Neuseeland oder Brasilien.

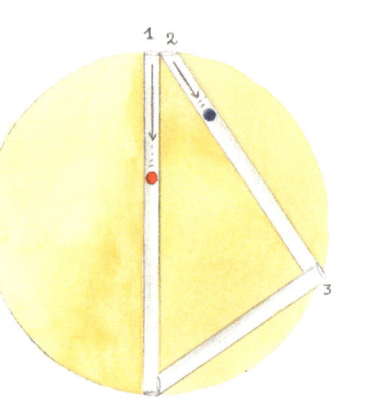

Wir können uns ja die Erde durchgeschnitten vorstellen, dann haben wir eine Art riesige Experimentscheibe wie im Deutschen Museum. Und unsere Tunnels können wir uns als ganz glatte Röhren vorstellen, auf denen raffinierte Tunnelzüge auf Rädern, mit sehr wenig Reibung, hindurchrollen.

Woher kommen die Buchstaben v, t, a, f usw. in der Physik?
Es sind meist die Anfangsbuchstaben der englischen Begriffe: force = Kraft; acceleration = Beschleunigung; velocity = Geschwindigkeit; time = Zeit; hours = Stunden, Space = Raum, Entfernung. Aber auch die lateinischen Wörter dazu könnten Pate gestanden haben.

Wie schnell müsste sich eine rotierende Weltraumstation drehen, um dein Gewicht vorzutäuschen?
Die Raumstation, sagen wir mit 500 m Durchmesser, also 250 m Radius müsste sich so schnell drehen, dass die Fliehkraft so groß wird wie dein Gewicht auf

Etwas umgeformt gilt:

$$v^2 = g \times R$$

$$v^2 = 9{,}81 \frac{m}{s^2} \times 250\,m$$

Also ist die Geschwindigkeit die Wurzel daraus:

$$v = \sqrt{2500 \frac{m^2}{s^2}} = 50 \frac{m}{s} = 180 \frac{km}{h}$$

Mit etwa 180 km/h müsste sich also die große Radfelge der Weltraumstation drehen, das heißt etwas weniger als zweimal in einer Minute. Dann könntest du, so schwer wie auf der Erde, in dieser Radfelge herumspazieren. So etwas gibt es bisher leider nur in Sciencefictionfilmen. In einem James-Bond-Film bastelte sich ein steinreicher Bösewicht solch eine Raumstation. Bei der Drehgeschwindigkeit haben die Filmleute aber satt gemogelt. Das kannst du jetzt leicht ausrechnen, falls du den Film einmal siehst!

der Erde. Oder, anders gesagt, die Fliehbeschleunigung, die dich nach außen drückt, müsste so groß sein, wie die Erdbeschleunigung. Die Formel für diese Fliehbeschleunigung von Christiaan Huygens kennen wir schon:

$$a = \frac{v^2}{R}$$

Die soll also gleich der Erdbeschleunigung g sein, das heißt also:

$$g = \frac{v^2}{R}$$

Philip Ardagh

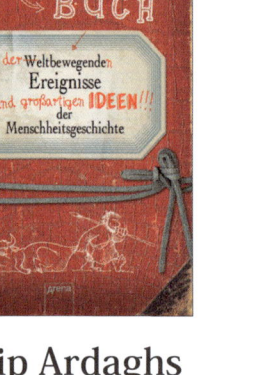

Philip Ardaghs Buch der weltbewegenden Ereignisse ...

Philip Ardaghs völlig nutzloses Buch der haarsträubendsten Fehler der Weltgeschichte

Philip Ardagh gibt einen Überblick über die aus europäischer Sicht wichtigsten Eckpunkte unserer Kultur und Geschichte. Von der Erfindung des Geldes über den Aufstieg und Fall des alten Roms bis hin zu den beiden Weltkriegen und der deutschen Wiedervereinigung und der Freilassung Nelson Mandelas.

Wer weiß schon, warum der Papst in Spanien mit einer Kartoffel verwechselt wurde oder wieso ein englischer Fußballer das Notizbuch des Schiedsrichters aufaß. Die schrägsten Pannen, Irrtümer und Schnitzer gesammelt vom genialen Philip Ardagh.

Arena

176 Seiten • Gebunden
ISBN 978-3-401-06849-7

240 Seiten • Gebunden
ISBN 978-3-401-06627-1
www.arena-verlag.de

Philip Ardagh

Das Buch der 100 Genies

Pointiert und humorvoll erzählt der bekannte britische Kinderbuchautor Philip Ardagh von genialen Erfindern und ihren wichtigsten Entdeckungen. Vom Nachweis, dass die Erde eine Kugel ist, bis zum Bau eines Flugzeugs, um sie zu umrunden – hier werden die größten Geniestreiche aus Naturwissenschaft, Medizin und Technik leicht verständlich erklärt.

208 Seiten • Klappenbroschur
ISBN 978-3-401-06848-0

Günther Wessel

Einmal bis ans Ende der Welt

Schon seit jeher haben sich Menschen ins Unbekannte aufgemacht – auf der Suche nach einem besseren Leben, nach Reichtum, Machtgewinn oder im Namen der Wissenschaft. Doch wie sah die harte Realität aus, wenn Männer wie Leif Eriksson, Ferdinand Magellan oder Heinrich Barth die weißen Flecken auf der Landkarte erforschten?

224 Seiten • Klappenbroschur
ISBN 978-3-401-60164-9
www.arena-verlag.de

Jürgen Teichmann

Die überaus fantastische Reise zum Urknall

Galilei, Röntgen & Co.

Jürgen Teichmann erzählt von den spektakulärsten Entdeckungen der Weltallforscher, von Pulsaren, Quasaren, gefräßigen Schwarzen Löchern, Galaxien, Roten Riesen, dem Echo des Urknalls und warum die Farbe eines Sternes vielleicht seine Geschwindigkeit verraten kann. Astronomie – spannender als jeder Krimi!

Bahnbrechende naturwissenschaftliche Entdeckungen wie das Gesetz des Freien Falls, die Erfindung des Fernrohrs, die Entdeckung der Elektrizität oder die Kernspaltung haben wir klugen Köpfen zu verdanken, die beharrlich immer weiterfragten. Jürgen Teichmann stellt berühmte Physiker ganz persönlich vor.

152 Seiten • Gebunden
Durchgehend farbig
ISBN 978-3-401-06392-8

160 Seiten • Klappenbroschur
Mit Fotos
ISBN 978-3-401-06907-4
www.arena-verlag.de

Nicole Ostrowsky

Andreas Pflitsch

Notizen eines Genies

Irgendwo in der Tiefe gibt es ein Licht

Ein Genie zu werden ist nicht schwer ... Zumindest nicht mit diesem Buch: Für jeden Tag des Jahres bietet es Experimente und Denkanstöße quer durch die Naturwissenschaften und verlockt Nachwuchsforscher zum Ausprobieren und Fragenstellen. Durch den Raum für eigene Notizen wird es zum persönlichen Begleiter für neugierige Wissenschaftler von morgen.

Jonas und Sophie besuchen ihren Urgroßvater Elias in den USA. Der kauzige alte Mann ist Höhlenforscher und weiß alles über Höhlen: wie sie entstehen, warum Tropfsteine wachsen und welche Schätze die unterirdischen Welten bergen. Doch es gibt ein Phänomen, das Elias sein Leben lang nicht ergründen konnte: Ein geheimnisvolles Licht, tief in einer Eishöhle.

384 Seiten • Arena-Taschenbuch
ISBN 978-3-401-50521-3

48 Seiten • Gebunden
ISBN 978-3-401-06877-0
www.arena-verlag.de

Stephen Law

Gerd Schneider

Philosophie

Der letzte Code

Wie entstand das Universum? Gibt es ein Leben nach dem Tod? Existiert Gott? Was macht Dinge richtig oder falsch? Und könnte es sein, dass unser Leben nur ein Traum ist? Dies sind philosophische Fragen. Sie gehören zu den bedeutendsten und spannendsten Fragen, die die Menschen schon seit tausenden von Jahren beschäftigen. Komm mit auf eine spannende Gedankenreise – lass dich ein auf das Abenteuer Philosophie!

Erst ist es nur ein Spiel, das Tamas eines Nachts an seinem Computer beginnt. Als Avatar reist er durch die Zeiten, lernt als Schüler der großen Philosophen, kämpft als Gladiator und versteht: Fantasie und Willenskraft bringen den Menschen voran. Sie sind der Code zur Weiterentwicklung der Menschheit. Doch ist Tamas' Fantasie, ist sein Wille stärker als das Spiel?

248 Seiten • Klappenbroschur
ISBN 978-3-401-06178-8

320 Seiten • Klappenbroschur
ISBN 978-3-401-06801-5
www.arena-verlag.de